ÉLÉMENTS

DE

ZOOLOGIE

PAR

PAUL GERVAIS
Professeur à la Faculté des sciences de Paris

ÉDITION MISE EN RAPPORT
avec les programmes officiels de 1866
POUR L'ENSEIGNEMENT SECONDAIRE SPÉCIAL
(ANNÉE PRÉPARATOIRE)
et contenant 122 figures intercalées dans le texte

PARIS
LIBRAIRIE DE L. HACHETTE ET Cie
BOULEVARD SAINT-GERMAIN, N° 77

1869

ÉLÉMENTS

DE ZOOLOGIE

(ANNÉE PRÉPARATOIRE)

DIVISION DE L'OUVRAGE

En rapport avec les Programmes de l'Enseignement secondaire spécial [1].

1° ANNÉE PRÉPARATOIRE.

2° PREMIÈRE ANNÉE : *Notions générales et Histoire des Mammifères.*

3° DEUXIÈME ANNÉE : *Vertébrés ovipares* (Oiseaux, Reptiles, Batraciens, Poissons) *et Animaux sans vertèbres* (Articulés, Mollusques, Rayonnés et Protozoaires).

4° TROISIÈME ANNÉE : *Anatomie et physiologie de l'Homme et des Animaux.*

5° QUATRIÈME ANNÉE : *Zoologie appliquée à l'Agriculture, à l'Industrie et à l'Hygiène.*

1. Chacun des cinq volumes se vend séparément.
Les volumes 2 et 4 répondent au *Programme de l'Enseignement secondaire classique.*

22 910. — Typographie A. Lahure, rue de Fleurus, 9, à Paris.

ÉLÉMENTS

DE

ZOOLOGIE

PAR

PAUL GERVAIS

Professeur à la Faculté des sciences de Paris

ÉDITION MISE EN RAPPORT

avec les Programmes officiels

POUR L'ENSEIGNEMENT SECONDAIRE SPÉCIAL

(ANNÉE PRÉPARATOIRE)

et contenant 122 figures intercalées dans le texte

PARIS

LIBRAIRIE HACHETTE ET Cie

79, BOULEVARD SAINT-GERMAIN, 79

AVERTISSEMENT.

Les Éléments de zoologie dont je présente au public une deuxième édition, mise en rapport avec les programmes officiels de 1866 pour l'enseignement secondaire spécial, sont divisés, comme le comportent ces programmes, en quatre parties répondant à chacune des années du cours d'études.

La PREMIÈRE ANNÉE est consacrée à des *Notions générales de zoologie* ainsi qu'à l'*Histoire naturelle des mammifères*.

La SECONDE ANNÉE comprend les *Vertébrés ovipares* (oiseaux, reptiles, batraciens, poissons) et les *Animaux sans vertèbres* (articulés, mollusques, rayonnés, protozoaires).

La TROISIÈME ANNÉE a pour objet l'*Anatomie et la physiologie de l'homme et des animaux*.

La QUATRIÈME ANNÉE traite de la *Zoologie appliquée à l'agriculture, à l'industrie et à l'hygiène*.

Chaque année forme un volume à part, illustré d'un nombre considérable de figures intercalées dans le texte, dont la plupart ont été faites sous ma direction, en vue de cette publication.

Pour répondre plus complétement aux vues du programme officiel, je fais précéder les quatre parties dont il vient d'être question, par une sorte d'introduction pratique à l'étude de la zoologie, ayant particulièrement pour objet la connaissance de certaines espèces fort répandues, prises dans les principales classes du règne animal.

De même que celles déjà énumérées au programme, elles ont été envisagées isolément et sous les divers points de vue de leurs caractères principaux, de leur histoire naturelle et des usages auxquels elles peuvent servir.

Ce petit volume répond, comme on le voit, à la partie appelée par le programme lui-même, ANNÉE PRÉPARATOIRE. et il en étend à quelques égards le questionnaire. Comme les quatre parties énumérées plus haut, il est accompagné de figures choisies avec soin et il leur servira d'introduction.

J'ai cru utile d'ajouter quelques espèces à la liste de celles qui sont demandées par le programme officiel, de manière à donner au lecteur une idée plus complète des grandes différences que présente la série zoologique envisagée dans ses principaux types et à essayer ainsi d'en donner un premier aperçu. Ces espèces sont l'écrevisse, de la classe des crustacés; la seiche, la limace, le colimaçon, appartenant à l'embranchement des mollusques; l'hydre, le corail, qui sont des rayonnés, et l'éponge appartenant au groupe des animaux les plus simples. Elles sont au nombre de celles dont il sera le plus souvent question dans les autres parties du cours, et si l'on n'en avait pas une première notion, on ne saurait se faire une idée exacte des classes inférieures du règne animal.

TABLEAU DE LA CLASSIFICATION

DES ANIMAUX.

Embranchement	Division	Classes
I VERTÉBRÉS	ALLANTOÏDIENS	*Mammifères.* *Oiseaux.* *Reptiles.*
	ANALLANTOÏDIENS	*Batraciens.* *Poissons.*
II ARTICULÉS	CONDYLOPODES ou *Arthropodes.*	*Insectes.* *Myriapodes.* *Arachnides.* *Crustacés.* *Systolides.*
	VERS	*Annélides.* *Helminthes divers.*
III MOLLUSQUES		*Céphalopodes.* *Céphalidiens.* *Lamellibranches.* *Brachiopodes.* *Tuniciers.* *Bryozoaires.*
IV RAYONNÉS	ÉCHINODERMES	*Échinides.* *Astérides.* *Holothurides.*
	POLYPES	*Acalèphes.* *Zoanthaires.* *Cténocères* ou *Coralliaires.*
V PROTOZOAIRES		*Foraminifères.* *Infusoires.* *Spongiaires.*

EXTRAIT DES PROGRAMMES OFFICIELS

DE

L'ENSEIGNEMENT SECONDAIRE SPÉCIAL

ZOOLOGIE.

(ANNÉE PRÉPARATOIRE.)

Notions sur l'histoire naturelle du cheval. Expliquer, à l'aide de quelques notions de mécanique très-simples, comment la conformation de cet animal est très-favorable à la solidité de la station, à la rapidité de la course et au déploiement d'une force de traction très-considérable.

Mœurs des chevaux sauvages; — manière de les dompter; — montrer comment on peut juger de l'âge d'un cheval par l'éta de sa dentition.

Comparaison entre le cheval, l'âne et le zèbre ; — à l'occasion de cette comparaison, appeler l'attention des élèves sur l'existence des familles naturelles ou genres.

Notions sur l'histoire naturelle du chien. Il doit se nourrir du produit de sa chasse, dont son organisation est appropriée à ce genre de vie. — Montrer les relations qui existent entre la conformation de ses pattes et son aptitude à courir. — Finesse de son odorat, cela lui permet de suivre sa proie à la piste (exemples). — La conformation de ses dents lui permet de saisir sa proie et de la déchirer. — Facultés du chien. — Récits de faits propres à montrer qu'il a de la mémoire, qu'il peut associer des idées et en tirer des conséquences. — Preuves de son intelligence. — Influence des bons traitements et de l'éducation sur le développement de ses facultés. — Notions sur les principales variétés de chiens. — Dogue, chien de berger, épagneul, basset, lévrier, caniche. — Tous ces animaux, malgré leur diversité de formes, se ressemblent tous sous les rapports les plus importants; ils sont de même nature et ne diffèrent entre eux que par des particularités qui peuvent se rencontrer chez les descendants d'une même souche. — Ils forment donc une sorte de famille naturelle que les zoologistes appellent une *espèce.*

Mœurs du chat; mode de conformation de ses pattes et de ses mâchoires; notions sur le jeu de ses organes.

Ressemblance entre le chat, le tigre et le lion. — Ils appartiennent à un même genre.

Ils ne vivent pas en société comme les chevaux ou les chiens; et, à raison de cette différence dans leurs instincts, ils ne sont pas susceptibles d'une domesticité aussi complète.

Mœurs de la taupe. — Conformation de ses pattes; — son régime; — préjugés sur son compte; — son utilité pour la destruction des insectes nuisibles.

Examen comparatif du chien, du lapin, du mouton et du cheval. — Rapport entre le régime alimentaire de ces animaux et la conformation de leurs dents. — Harmonies organiques; exemple : rapport nécessaire entre la conformation des dents et le mode d'articulation de la mâchoire.

Examen comparatif du cerf, du chat ou du lion, de la chauve-souris, de la loutre et du phoque sous le rapport des mœurs et de la conformation des organes locomoteurs.

Mœurs des singes; — mode de conformation de leurs pattes. — Singes à queue prenante. — Abajoues.

Conformation de la trompe de l'éléphant; ses usages. — Mœurs de ces animaux; manière dont on les réduit en captivité. — Régions qu'ils habitent. A une époque très-reculée il y avait des éléphants en France, car on trouve quelquefois des défenses de ces animaux enfouies dans le sol.

Il y avait aussi des éléphants constitués pour vivre dans les pays les plus froids ; mais, au lieu d'avoir la peau presque nue, comme les éléphants de l'Afrique et de l'Inde, ils avaient une épaisse toison. — Récit de la découverte du corps d'un de ces animaux dans la glace, au nord de la Sibérie.

Voyages périodiques des hirondelles. — Description des préparatifs de leur départ.

Examen comparatif de la souris et du lézard. — Température du corps de ces deux animaux. — Notions sur la source de la chaleur chez les animaux. — Nécessité de l'air pour l'entretien de l'espèce de combustion dont l'économie animale est le siége.

Notions sur la manière de vivre des poissons. — Comment ils respirent. — Montrer que l'eau peut dissoudre de l'air.

Comparaison de ces animaux avec les crapauds, les salamandres. — Ils forment une grande famille naturelle ou classe. — Différences entre ce groupe et celui des poissons.

Conformation et mœurs des baleines. — Pourquoi il ne faut pas les considérer comme étant des poissons. — Manière dont on fait la pêche de la baleine. — Produits qu'elle fournit : fanons, huile.

Signaler les caractères communs à la vipère, à la couleuvre, au lézard et à la tortue et ce qui les distingue entre eux. — Insister sur les effets de la morsure de la vipère et des autres serpents venimeux. — Disposition des crochets et des réservoirs à venin.

Conformation du corps du hanneton. — Différences entre cette conformation et celle d'un animal à squelette intérieur. — Antennes. — Yeux. — Bouche. — Pattes. — Ailes. — Métamorphoses de ces insectes.

Des vers à soie. — Notions sur les métamorphoses des insectes. — Formation de la soie. — Cocons. — Chrysalides. — Papillons.

Mœurs des fourmis. — Expliquer la différence entre l'instinct et l'intelligence.

Conformation des araignées. — Production des fils. — Structure des toiles.

Instinct architectural des araignées maçonnes et des araignées aquatiques.

Principales parties du corps de l'huître. — Notions sur la coquille. — Mode d'accroissement. — Charnière. — Nacre. — Perles.

ZOOLOGIE.

ANNÉE PRÉPARATOIRE.

CHAPITRE I.

HISTOIRE NATURELLE DU CHEVAL.

Buffon a mieux compris qu'aucun de ses prédécesseurs l'importance de l'histoire naturelle, et, par ses travaux[1], il a révélé la portée philosophique de cette science, sans dédaigner d'en faire ressortir le côté pratique; mais il avait d'abord cru pouvoir se soustraire aux nécessités d'une classification régulière et il se proposait d'envisager les êtres au point de vue de l'utilité que chacun d'eux présente pour notre propre espèce. Voilà pourquoi il a commencé sa description des animaux par l'histoire du CHEVAL (fig. 7 et 11).

S'inspirant des versets que le livre de Job a consacrés à

1. *Histoire naturelle générale et particulière, avec la Descriptic du cabinet du Roi* 36 vol. in-4. Paris, 1749-1769.

ce bel animal, il a écrit à son sujet des pages d'un style élevé dont plusieurs sont devenues classiques.

« La plus noble conquête que l'homme ait jamais faite, dit Buffon, est celle de ce fier et fougueux animal, qui partage avec lui les fatigues de la guerre et la gloire des combats : aussi intrépide que son maître, le cheval voit le péril et l'affronte; il se fait au bruit des armes, il l'aime, il le cherche et s'anime de la même ardeur; il partage aussi ses plaisirs; à la chasse, aux tournois, à la course, il brille, il étincelle. Mais doux et courageux, il ne se laisse point emporter à son feu; il sait réprimer ses mouvements; non-seulement il fléchit sous la main de celui qui le guide, mais il semble consulter ses désirs, et, obéissant toujours aux impressions qu'il en reçoit, il se précipite, se modère ou s'arrête, et n'agit que pour y satisfaire : c'est une créature qui renonce à son être pour n'exister que par la volonté d'un autre, qui sait même la prévenir; qui, par la promptitude et la précision de ses mouvements, l'exprime et l'exécute; qui sent autant qu'on le désire, et ne rend qu'autant qu'on le veut; qui, se livrant sans réserve, ne se refuse à rien, sert de toutes ses forces, s'excède et même meurt pour mieux obéir. »

Cependant il est un autre mammifère qui dispute au cheval cette place d'honneur parmi les animaux de la même classe, c'est le bœuf, aussi utile à l'agriculture que le cheval est indispensable à la guerre, et à propos duquel le grand écrivain s'exprime ainsi : « Sans le bœuf, les pauvres et les riches auraient beaucoup de peine à vivre; la terre demeurerait inculte, les champs et même les jardins seraient secs et stériles; c'est sur lui que roulent tous les travaux de la campagne; il est le domestique le plus utile de la ferme, le soutien du ménage champêtre; il fait toute la force de l'agriculture. Autrefois, il faisait toute la richesse des hommes, et aujourd'hui il est encore la base de l'opulence des États, qui ne peuvent se soutenir et fleurir que par la culture des terres et par l'abondance du bétail, puisque ce sont les seuls biens réels, tous les autres, et même l'or et l'argent, n'étant que des biens arbitraires, des représentations, des monnaies de crédit, qui n'ont de valeur qu'autant que le produit de la terre en donne. »

[FIG. 1. — *Bœuf (race charolaise).*

Le BOEUF appartient au groupe des mammifères ruminants, et c'est au groupe de pachydermes qu'on a désignés sous le nom particulier de jumentés que se rapporte le cheval. Celui-ci est donc comme le bœuf un animal vertébré et un mammifère; il est aussi un ongulé comme le bœuf, c'est-à-dire un quadrupède à sabots, mais il n'appartient pas au même ordre que lui. Il est d'ailleurs facile à distinguer de tous les autres genres d'animaux qui rentrent dans la même classe.

S'il a l'extrémité des doigts protégée par des sabots, au lieu d'ongles proprement dits, et prend place parmi les ongulés, il offre en outre cela de particulier, que chacun de ses pieds est monodactyle, c'est-à-dire terminé par un doigt seulement. C'est un mode de conformation qu'il partage avec un très-petit nombre d'autres espèces de la classe des mammifères, le zèbre et espèces analogues au zèbre pour les rayures de leur pelage, l'hémhippe, l'âne et l'hémione, animaux que les naturalistes réunissent avec le cheval lui-même dans un genre unique sous le nom d'*Eouus* signifiant cheval.

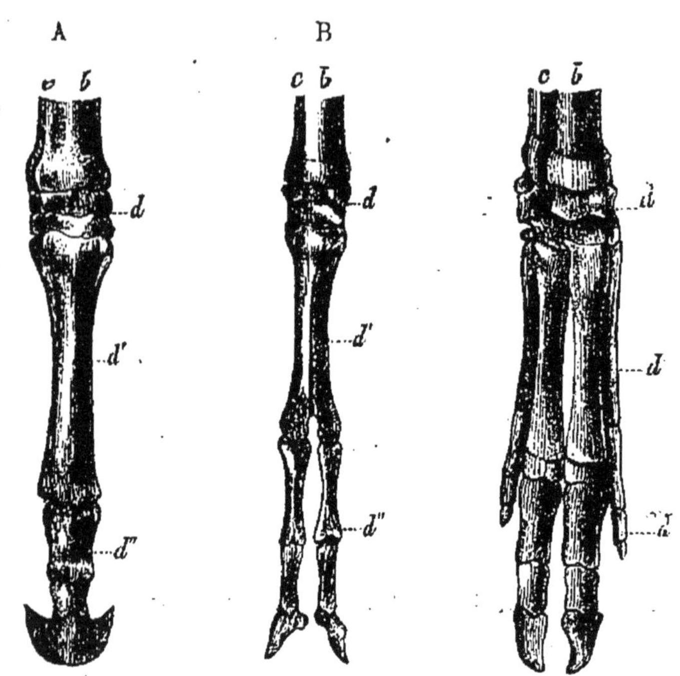

FIG. 2. — Pieds de devant de divers *animaux à sabots*.
A = *Cheval*. — B = *Chèvre*. — C = *Cochon*.
a) cubitus; — *b*) radius; — *d*) carpe; — *d'*) métacarpes; — *d''*) phalanges.

Le cheval et ses congénères sont des animaux à la fois herbivores et granivores, qui ont le canal intestinal fort long et pourvu d'un ample cœcum, cavité en forme de cul de sac qui sépare leur intestin grêle d'avec le gros intestin. Leurs dents molaires sont marquées à la couronne de replis assez compliqués de l'émail et enveloppées par une matière osseuse particulière à laquelle on donne le nom de cément. Ces mammifères ont trois sortes de dents : des incisives au nombre de trois paires à chaque mâchoire, une paire de canines supérieures et une paire de canines inférieures, enfin six paires de molaires supérieures et autant inférieurement.

Ils ont l'estomac simple et ne jouissent pas, comme le bœuf, le mouton ou le cerf, de la propriété de ruminer.

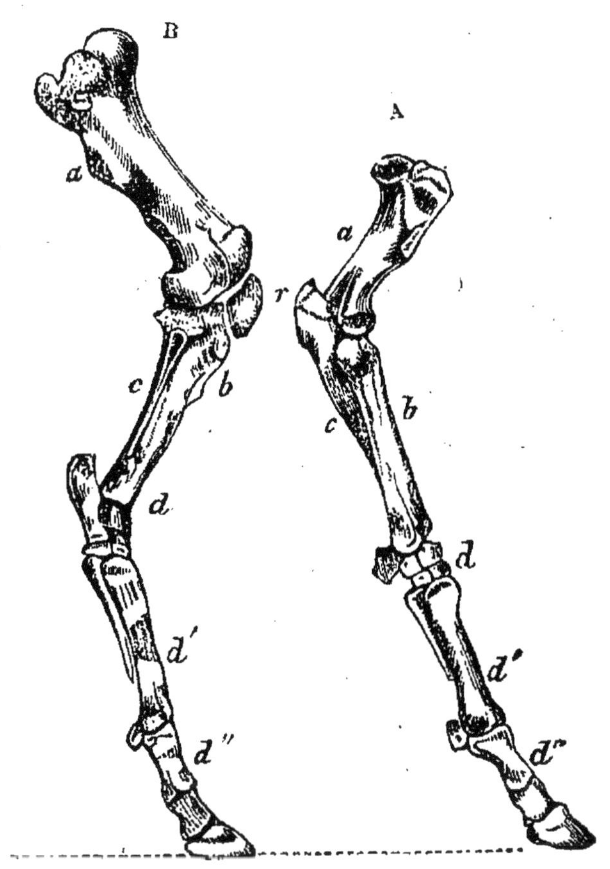

FIG. 3. — Membres antérieur et postérieur du *Cheval* os qui en forment la charpente.

A — pied de devant. = *a*) humerus; — *b*) radius; — *c*) cubitus; — *d*) carpe; — *d'*) métacarpe; — *d''*) phalanges.

B — pied de derrière. = *a*) fémur; — *b*) tibia; — *c*) pérone; — *d*) tarse; — *d'*) métatarse; — *d''*) phalanges; — *r*) rotule.

La amille qu'ils constituent, famille qui a reçu le nom d'équidés, tiré du mot *equus*, cité précédemment, n'est pas nouvelle à la surface du globe. On trouve dans le sol les os fossiles de plusieurs espèces qui doivent lui être attribuées, les unes congénères des équidés actuels et plus ou moins semblables au cheval, les autres formant des genres distincts de celui des chevaux proprement dits, mais qu'on ne saurait classer dans aucun autre groupe.

C'est à l'ancien continent seulement qu'appartiennent les animaux aujourd'hui existants du genre auquel le cheval sert de type.

Les espèces de ce genre qui ont le pelage zébré sont exclusivement propres à l'Afrique (zèbre, couagga et daw); les autres sont principalement asiatiques (cheval, hémhippe, âne, hémione), et il est bien connu que les chevaux actuellement répandus en Amérique et en Australie descendent de ceux que les Européens ont transportés sur ces deux continents. Peut-être même ces derniers sont-ils originaires de l'Asie, patrie à peu près exclusive de nos animaux domestiques. Il est possible, en effet, qu'ils aient été amenés par les peuples de race blanche, lorsque ces derniers ont commencé à se répandre sur le continent européen.

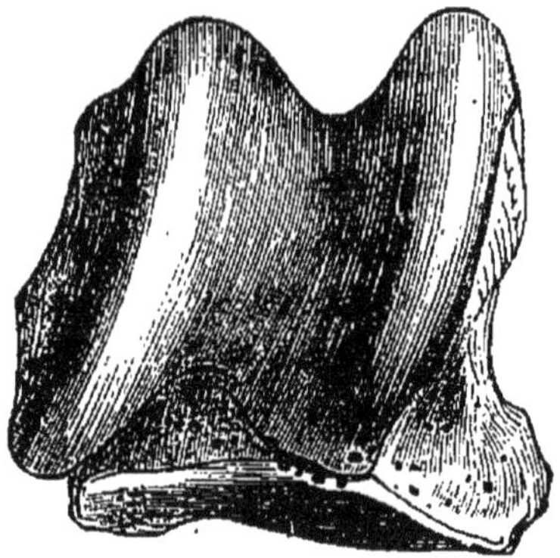

Fig. 4. — Astragale du *Cheval.*

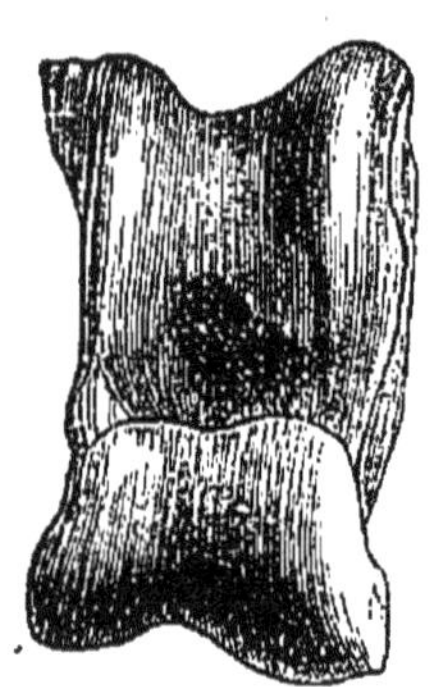

Fig. 5. — Astragale du *Cochon* (osselet).

On sait toutefois, grâce aux découvertes de la paléontologie, qu'il existait anciennement des animaux du même genre en Europe (chevaux fossiles de France, d'Angleterre, d'Allemagne, d'Italie, d'Espagne, etc.), et qu'il y en a également eu dans l'Amérique septentrionale ainsi que dans l'Amérique méridionale.

Dans certains cas, il est bien difficile de distinguer les ossements fossiles appartenant au genre cheval que l'on trouve dans le sol d'avec ceux des chevaux de races domestiques que l'homme y a depuis lors enfouis; mais il n'en est pas ainsi de ceux qui sont enfouis dans les terrains pampéens de l'Amérique méridionale avec les grands édentés autrefois propres à cette région; ils constituent certainement une espèce à part.

L'étude anatomique du cheval, espèce principale de la famille des équidés, offre autant d'intérêt pour le savant ou l'artiste que pour le vétérinaire. Elle n'est pas moins digne de l'attention du philosophe, et le naturaliste vient encore ajouter à son utilité quand, s'inspirant des découvertes géologiques, il constate les efforts que la nature semble avoir faits pour arriver à la production du plus beau et du plus recherché de tous les quadrupèdes.

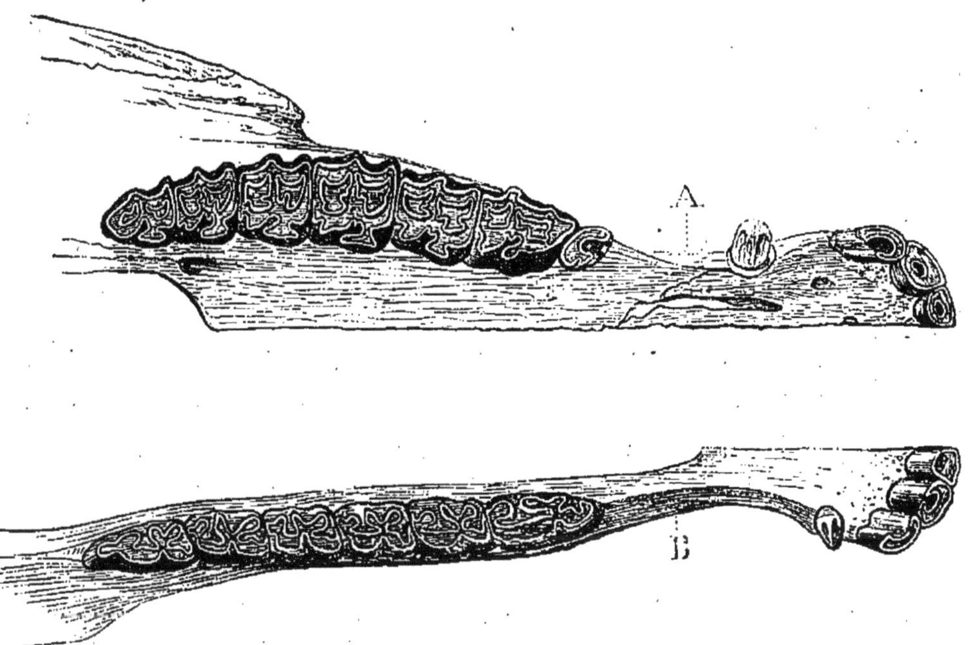

FIG. 6. — Dentition du *Cheval.*

A) les dents de la mâchoire supérieure; — B) les dents de la mâchoire inférieure.

En comparant le cheval aux animaux des genres voisins, tels que le rhinocéros ou le tapir, on aperçoit bientôt sa supériorité organique sur ces derniers, et les instincts de sociabilité qui le distinguent, l'intelligence relativement supérieure qui le rapproche de l'homme devaient aussi contribuer à le mettre à la disposition de ce dernier.

L'emploi du cheval remonte à une antiquité préhistorique. Lorsque nos contrées étaient encore peuplées par des éléphants, des rhinocéros, des lions, des hyènes, cette espèce n'était peut-être pas utilisée ; et l'on ignore si l'homme savait alors l'employer comme monture ; elle était certainement domestique à l'époque où les premiers peuples de race blanche, ancêtres des Européens actuels, commencèrent à se répandre en Occident, et l'on retrouve dans les habitations lacustres de la région des Alpes ainsi que dans un certain nombre de cavernes dont le remplissage remonte aussi à cette époque reculée, les débris des chevaux domestiques alors répandus dans nos contrées.

Après ces temps préhistoriques, l'emploi du cheval est devenu plus général et les variétés de cette espèce, quelle qu'en soit l'origine, se sont multipliées et répandues, les unes robustes et appropriées à la traction des fardeaux les plus lourds, les autres disposées pour la course et capables de servir pour la selle ; d'autres encore, réduites dans leurs dimensions, mais pouvant néanmoins rendre des services réels.

A la première de ces catégories appartiennent les chevaux hollandais, flamands et boulonais ; les chevaux arabes, ainsi que leurs dérivés les barbes et les anglais sont des exemples de la seconde, et l'on peut citer les chevaux corses, ceux de l'île d'Ouessant ou mieux encore ceux des îles Shetlands et de l'Islande, tous remarquables par la petitesse de leur taille, comme rentrant dans la troisième. Une race de ces derniers n'a guère plus d'un mètre de hauteur.

Nos chevaux domestiques descendent-ils de ceux dont les troupes ont habité l'Europe pendant la dernière époque géologique (l'époque quaternaire), et ont-ils été contemporains des premières populations humaines qui se sont fixées sur notre continent ? Proviennent-ils au contraire des plateaux asiatiques ? Ainsi que le font pressentir les détails précédents, c'est là une question que les zoologistes n'ont pas encore résolue d'une manière certaine, et, bien que l'anatomie comparée semble donner raison à la première de ces deux hypothèses, les présomptions sont en faveur de la seconde.

En ce qui concerne la phase des temps historiques dont nous parlent nos livres classiques, nous voyons Homère citer les nombreux haras que possédait Priam. Il attribue à Erichtonius, l'un des ancêtres du dernier roi troyen, trois mille juments et pareil nombre de poulains. Les bas-reliefs des monuments assyriens conservés au musée du Louvre, à Paris, et dans le musée de Londres peuvent nous donner une idée de la beauté des chevaux que l'on possédait alors dans l'Asie Mineure. Nous voyons aussi par les sculptures ou les peintures de l'ancienne Égypte qu'il y avait également de fort beaux chevaux dans ce pays. C'est sans doute cette race de chevaux propres à l'Asie Mineure ainsi qu'à la vallée du Nil que les Grecs ont possédée. Le Parthénon nous en a transmis les formes sculptées avec autant de perfection que d'exactitude, et la mythologie grecque, en attribuant le cheval à Neptune, semble reconnaître l'origine étrangère de cette espèce, puisque c'est au dieu de la mer, et par suite à la navigation qu'elle en fait remonter l'introduction.

Les rois de l'Asie Mineure encourageaient la production chevaline, dont ils tiraient sans doute des bénéfices, et l'ancienne Arménie a fourni pendant un certain temps des chevaux et des mulets aux princes commerçants de Tyr et de Sidon. Dès les temps anciens, la Perse cultivait la même industrie avec un égal succès. Cyrus avait réuni dans ses haras, en vue sans doute des grandes expéditions qu'il se proposait d'exécuter, 800 étalons et 1600 juments. On sait que de nos jours les chevaux de race persane sont encore des chevaux fort estimés.

On dit que l'art de monter le cheval fut inventé par les Scythes, et que, lorsqu'ils vinrent en Thrace, les Grecs furent très-effrayés parce qu'ils crurent que l'homme et l'animal ne formaient qu'un seul corps. Est-ce là le point de départ de la fable des centaures, ces êtres imaginaires supposés moitié hommes, moitié chevaux? Il est d'ailleurs constaté que les Mexicains éprouvèrent les mêmes terreurs que les habitants de la Thrace et qu'ils commirent la même méprise qu'eux, en voyant pour la première fois les cavaliers espagnols que Cortez lança à leur poursuite.

Il est à supposer que les Hébreux n'ont eu des chevaux que vers l'époque de David. Abraham, Isaac, Jacob possédaient des ânes, dont il est question, en même temps que des moutons et des chameaux, dans l'énumération de leurs richesses, mais il ne paraît pas qu'avant le roi psalmiste, les Juifs aient élevé des chevaux, ni même recherché ces animaux. A l'époque de Moïse, ils ne s'en servaient point encore, même dans les combats, et le grand législateur leur recommande, lorsqu'ils iront au combat, de n'avoir point peur des chevaux non plus que des chariots de leurs ennemis, mais de placer leur confiance dans le Dieu d'Israël.

FIG. 7. — *Cheval arabe.*

Cependant le Livre des Rois nous parle de l'écuyer de Jonathas : il rapporte aussi que David, vainqueur d'Adarézer, fils de Rohob, roi de Soba, sur l'Euphrate, lui prit 1700 cavaliers, mais qu'il coupa les tendons des jambes à tous les chevaux des chariots et n'en réserva que pour 100 chariots. Salomon fut mieux inspiré. Il rassembla un grand nombre de chariots et de gens de cheval; il eut 1400 chariots et 1200 hommes de cavalerie, qu'il distribua entre les villes fortes de son royaume, et il en retint une partie auprès de lui dans Jérusalem. Ces chevaux venaient de l'Égypte et de Coa, où on les achetait à un prix convenu. Un attelage de quatre chevaux d'Égypte coûtait à Salomon six cicles d'argent (ce qui met le prix de chaque cheval à 430 francs environ de notre monnaie). Un étalon lui revenait à six cicles. Le texte hébreu ajoute que tous les rois des Héléens et de Syrie vendaient aussi des chevaux à Salomon.

Indépendamment des excellentes qualités que nous lui reconnaissons de son vivant, le cheval peut également fournir après sa mort diverses substances utiles : sa peau, dont on fait du cuir, la corne de ses pieds, les crins de sa queue ou de sa crinière, ses tendons qui servent à faire de la colle, ses os dont on retire du noir animal ou qui servent à fabriquer des outils pour plusieurs corps d'états. Quelques autres de ses parties sont aussi recueillies et employées avantageusement.

On doit également le citer parmi les espèces alimentaires, et si sa chair n'est pas appelée à nous rendre les mêmes services que celle du bœuf ou du mouton, il n'en est pas moins certain que, dans beaucoup de cas, il est possible d'en tirer un parti avantageux. Toutefois on a peut-être exagéré son utilité, dans ces dernières années surtout, et les *boucheries de cheval* établies à Paris ainsi que dans d'autres villes ne semblent pas avoir donné tous les résultats qu'on en attendait.

Le plus souvent la chair des chevaux n'est utilisable que comme engrais, attendu qu'on n'abat ces animaux que lorsque la fatigue, l'âge ou les maladies les ont mis tout à fait hors de service et que dans ces différentes circonstances leur chair n'est plus dans des conditions qui en permettent un usage alimentaire.

Il existe parmi nos chevaux plusieurs variétés, caractérisées par la différence de leur taille et la diversité de leurs proportions, ce qui permet de les employer à des usages très-divers et nous fournit les chevaux de selle, de cavalerie grosse et légère, de trait, de labour, etc. Les plus beaux chevaux sont encore ceux des Orientaux ; ils viennent particulièrement d'Arabie. Leurs qualités se retrouvent en partie dans certains chevaux espagnols et surtout dans les chevaux anglais qui en descendent. On s'applique à en répandre la race en France.

L'âge des chevaux est en général facile à reconnaître à l'usure plus ou moins avancée de leurs dents incisives. Ces dents sont au nombre de trois paires à chaque mâchoire. On les distingue en paire interne ou pinces, intermédiaire ou mitoyennes, et externe ou coins. Lorsque les chevaux sont encore jeunes, ils n'ont pas perdu leurs incisives de première dentition, et suivant le temps qui s'est écoulé depuis la naissance, ils ont déjà toutes ces dents ou n'en possèdent encore qu'une partie. Ensuite, la cupule ou fossette produite par la rentrée de l'émail dans le centre de la couronne est plus ou moins entamée par l'usure.

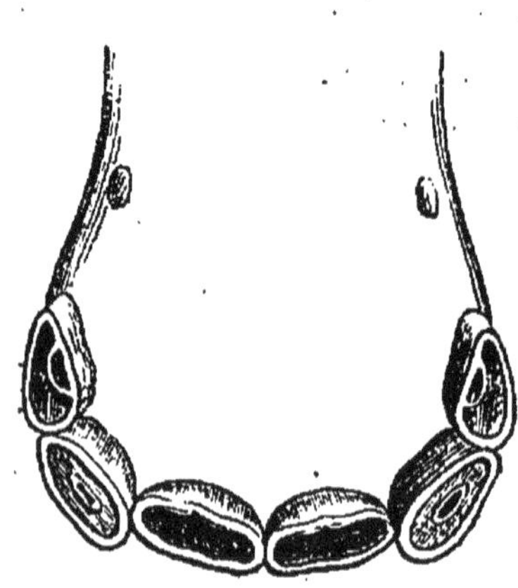
Fig. 8.

De dix à seize mois les pinces *rasent* (fig. 8), c'est-à-dire que les fossettes s'y effacent et que la couronne se nivelle.

D'un an à vingt mois, la même chose se passe pour les mitoyennes, et de dix-huit mois à deux ans les coins s'usent à leur tour. La mâchoire inférieure est la seule que l'on consulte, étant plus facile à observer.

De deux ans et demi à trois ans, les incisives de la seconde dentition commencent à remplacer celles de lait, d'abord les pinces, puis les mitoyennes (de trois ans et demi à quatre), enfin les coins (de quatre ans et demi à cinq).

Lorsque ce travail de remplacement s'est accompli, c'est le degré d'usure qui sert de guide (fig. 9 et 10).

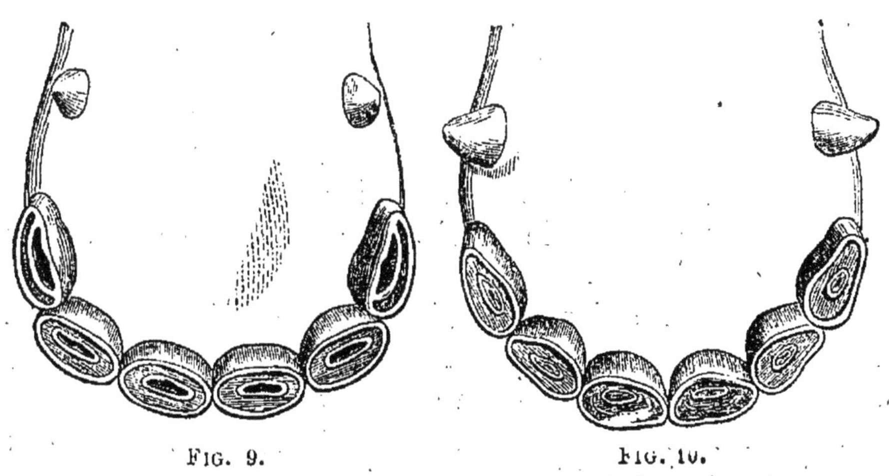

FIG. 9. FIG. 10.

L'excavation des pinces disparaît entre cinq ans et demi et six ans; celle des incisives mitoyennes un an après; celle des coins de sept à huit ans. Alors les crochets, c'est-à-dire les canines, ont déjà apparu et leur pointe a commencé à s'user.

Plus tard, l'âge est difficile à apprécier, et le cheval *ne marque plus;* on dit alors qu'il est *hors d'âge.* Cependant les gens experts savent encore trouver des indications qui ne manquent pas de valeur. Il leur est également facile de reconnaître les excavations artificielles que l'on pratique quelquefois à la couronne dentaire des chevaux hors de marque pour les faire croire moins vieux qu'ils ne le sont en réalité, et en obtenir par cette fraude un meilleur prix.

La couleur générale des dents, l'état plus ou moins avancé de l'usure des mâchelières ou molaires, la longueur des canines qui se déchaussent à mesure que l'animal vieillit, la grandeur et l'inégalité des molaires, les rides du palais et quelques autres signes permettent de se prononcer, mais d'une manière approximative, sur l'âge des chevaux hors de marque. La durée de la vie de ces animaux est d'environ trente ans.

Dans les steppes de la Tartarie, refuge actuel de leur espèce, on trouve encore des chevaux sauvages, mais ils n'ont pas entièrement conservé leur caractère primitif, car ils se recrutent incessamment d'individus échappés à la domesticité qui se mêlent avec eux. Quelques auteurs leur assignent même pour ancêtres des chevaux abandonnés faute de fourrages, lors du siége d'Azov, en 1658. Au premier abord, cette opinion paraît bien hasardée ; cependant elle devient soutenable si l'on se rappelle ce qui s'est passé en Amérique.

Les chevaux qu'on a portés sur ce continent s'y sont reproduits en grand nombre, sont redevenus sauvages ou à demi sauvages, et ils ont repris les mœurs des trépans, c'est-à-dire des chevaux libres de l'Asie. C'est parmi eux que l'on choisit parfois ceux que l'on veut dresser.

Dans ce cas, on chasse souvent toute une troupe à la fois, et en la poursuivant on s'efforce de l'enfermer dans un *cortal* ou grand enclos circulaire, fait de pieux solidement fixés en terre. Alors le chef monte sur un cheval vigoureux et dont il est sûr; il entre dans l'enceinte ayant à la main un *lazo* ou longue courroie fixée par une extrémité à sa selle et terminée à l'autre bout par un nœud coulant. Le cavalier lance ce nœud au cou du plus beau jeune cheval qui se présente à lui et l'entraîne au dehors. Au moyen de cordes on embarrasse les jambes de l'animal et on le jette à terre ; ensuite on lui met dans la bouche une forte courroie en forme de bride, puis on le selle. Un Indien armé d'éperons très-aigus le monte et on le laisse alors courir. Le cheval fait des efforts incroyables pour se débarrasser de son cavalier, mais inutilement; l'éperon le met au galop, et, après avoir couru un certain temps, il se laisse ramener à l'enclos où il a perdu sa liberté : il est dompté. On lui ôte sa bride et on le mêle aux chevaux domestiques, car dès ce moment il ne cherche plus ni à s'échapper ni à désobéir à son maître. Les Tartares ont depuis longtemps recours à des moyens analogues.

En France et dans le reste de l'Europe, il n'y a plus de

chevaux entièrement sauvages; ceux de la Camargue ne jouissent que d'une demi-liberté. Ils ont leurs maîtres, et des hommes sont chargés de les surveiller. A certaines époques de l'année on les emploie à dépiquer le blé.

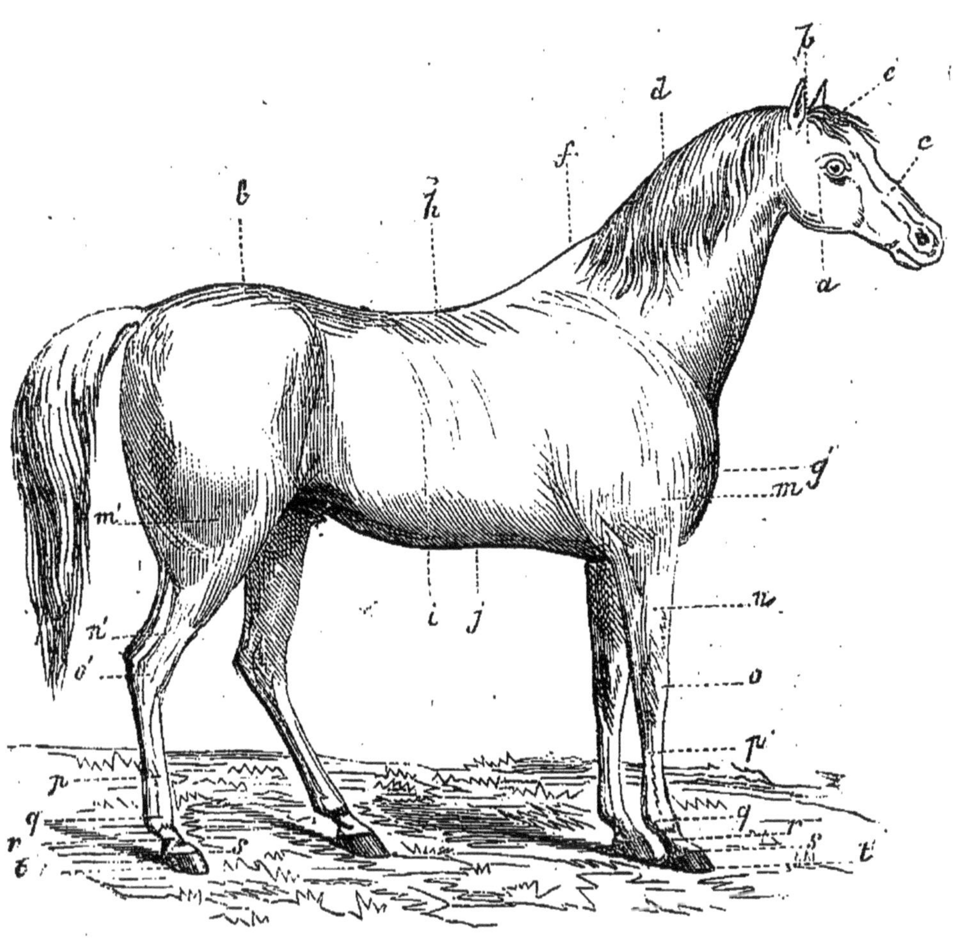

FIG. 11. — Les différentes parties du *Cheval*.

a) larmier; — *b*) salière; — *c*) chanfrein; — *d*) encolure; — *e*) toupet; — *f*) garot; — *g*) poitrail; — *h*) reins; — *i*) coffre; — *j*) ventre; — *l*) croupe; — *m*) bras; — *m'*) cuisse; — *n*) avant-bras; — *n'*) jambe; — *o*) genou; — *o'*) jarret; — *p*) canon; — *q*) boulet; — *r*) paturon; — *s*) couronne; — *t*) sabot.

Partout ailleurs on élève ces animaux dans des haras, et l'industrie chevaline reçoit du gouvernement des encouragements qui ont beaucoup contribué à ses progrès.

Les principaux centres de production chevaline sont les Hautes-Pyrénées, ainsi que plusieurs départements du Centre, la Lorraine, l'Alsace, la Normandie et la Bretagne. Cette dernière province tient à cet égard le premier rang, et la Normandie le second.

Les gros chevaux de trait proviennent surtout du Boulonais (département du Pas-de-Calais), et de la Flandre (Nord); les chevaux légers de trait sont les bretons (Finistère), les percherons (Eure-et-Loir), les ardennais (Ardennes), et les landais (Landes). Les chevaux normands (Calvados) sont nos meilleurs demi-sang carrossiers; les navarrins (Basses-Pyrénées) et les limousins (Haute-Vienne) nos meilleurs demi-sang légers.

En ce qui concerne la couleur, on dit que les chevaux sont noirs, blancs, alezans, jaunes, brunâtres, café au lait, isabelle, bais, souris ou gris, rouans ou pies.

Un cheval adulte doit consommer au moins un litre d'avoine par heure de travail, et pendant les fatigues exceptionnelles on doit aller jusqu'à 1 litre $\frac{1}{4}$ ou 1 litre $\frac{1}{2}$.

L'ÂNE (*Equus Asinus*) est moins fort, moins obéissant et moins gracieux que le cheval, mais il est aussi d'une grande utilité, et comme il est à la fois plus sobre et d'un moindre prix, il est accessible au plus grand nombre. Cependant on l'empoie moins de nos jours dans la plupart des villes de l'Europe que dans celles de l'Orient ou du nord de l'Afrique.

Il a les oreilles plus longues que le cheval, porte une houppe au bout de la queue qui est plus allongée, et est marqué sur les épaules de deux bandes noires disposées en croix.

De même que le cheval, l'*âne* paraît originaire d'Orient et l'on retrouve dans la région du Nil un type sauvage dont il paraît également descendre. En France, la race la plus forte est celle du Poitou.

L'âne et le cheval produisent facilement ensemble. Les métis issus de leur croisement sont fort employés comme animaux de trait ou de transport. On en fait particulièrement usage en Espagne et dans nos départements du sud-est. Ce sont les *mulets*, dont on reconnaît surtout l'avantage dans les pays de montagnes ; ils sont aussi recherchés pour le train des équipages militaires.

FIG. 12. — *Ane.*

Les anciens ont déjà connu l'hémione (*Equus hemionus*), dont le nom signifie demi-âne et qui tient en effet de l'espèce précédente par ses principaux caractères. C'est toutefois un animal différent. Il est de teinte isabelle sur le dessus du corps et blanchâtre en dessous. Au lieu d'une croix noire semblable à celle de l'âne, il ne porte sur le dos qu'une bande longitudinale de la même couleur. On essaye de le rendre domestique.

FIG. 13. — *Daw.*

Le ZÈBRE (*Equus zebra*) a été appelé *hippotigre* par les anciens, ce qui signifie cheval-tigré, c'est-à-dire rayé comme le tigre.

Deux autres espèces africaines d'équidés présentent un mode de coloration analogue. Ce sont le couagga et le daw.

CHAPITRE II.

HISTOIRE NATURELLE DU CHIEN ET DU CHAT. REMARQUES SUR L'ESPÈCE ET LE GENRE.

Le Chien (*Canis familiaris*) est un animal à la fois sociable et doué d'intelligence, deux qualités que l'on retrouve chez toutes les espèces réellement domestiques et qui sont la condition principale de leur association à l'homme. Dans les pays où ces animaux sont redevenus sauvages, ils vivent par troupes et se réunissent pour donner la chasse aux autres quadrupèdes.

Habiles à la course, pourvus d'ongles qui leur servent à fouir ainsi qu'à se défendre, d'ailleurs armés de fortes canines, les chiens ont en outre l'odorat très-développé, et la perfection de ce sens ajoute aux avantages que nous tirons d'eux. Leurs molaires sont en partie tranchantes, en partie tuberculeuses, appropriées par conséquent à un régime omnivore (fig. 15), et leurs appétits, joints à leur éducabilité, constituent une nouvelle cause de rapprochement entre leur espèce et l'homme dont ils sont depuis un temps immémorial les inséparables compagnons.

Aussi le chien domestique a-t-il été transporté sur tous les points du globe et partout l'homme utilise son concours, variant, suivant les conditions nouvelles au sein desquelles il se trouve placé lui-même, le parti qu'il tire de ce fidèle animal. Le chien le seconde à la chasse, le supplée dans la garde des troupeaux, veille à la porte des habitations pour en éloigner les malfaiteurs ou même les indiscrets. Il traîne des fardeaux et rend

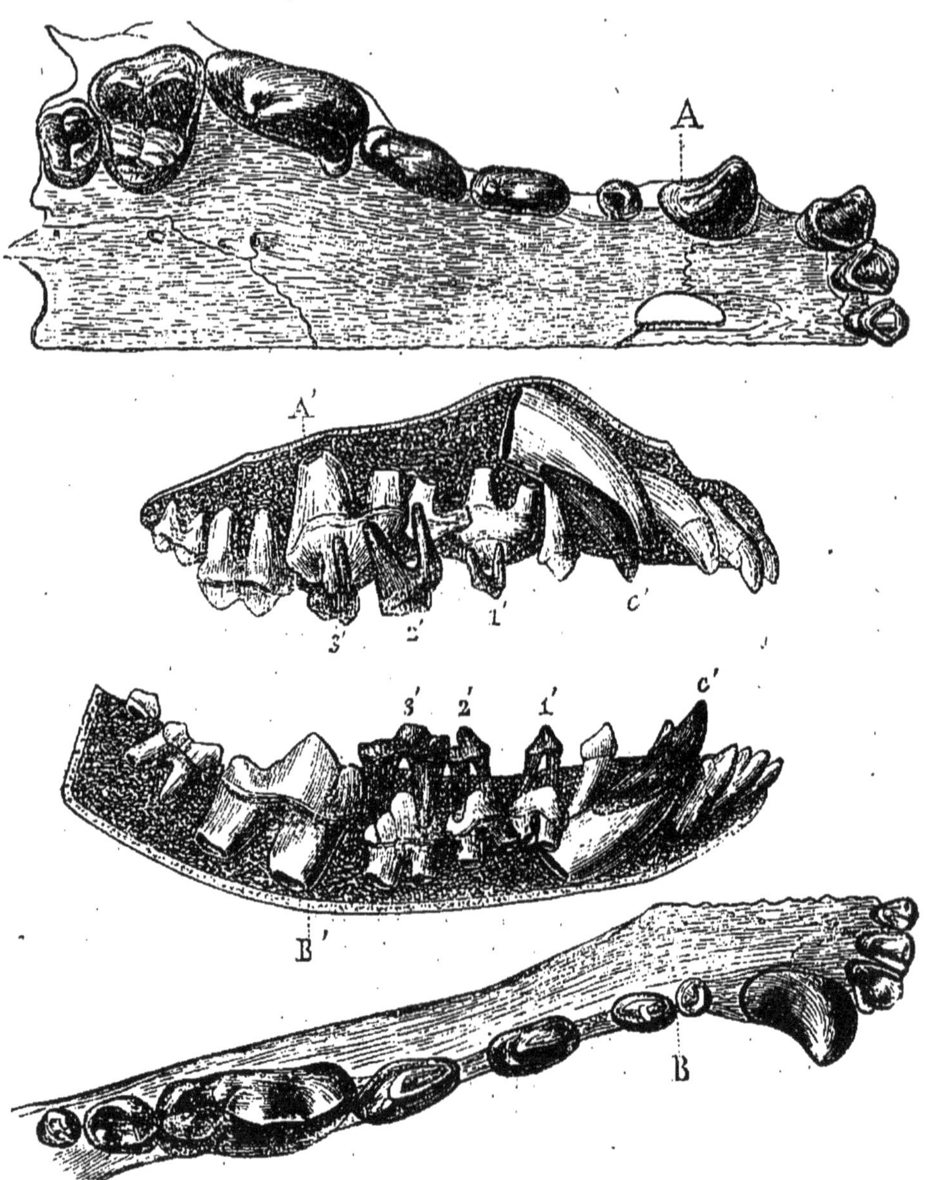

FIG. 14. — Dentition du *Chien*.

A et B) les dents supérieures et les dents inférieures (incisives, canines et molaires) : âge adulte.

A′ et B′) les dents des figures précédentes ou dents de la seconde dentition en voie de développement au-dessous des canines (c′ c′), et des molaires (1′ 2 et 3′) de la première dentition ou dentition de lait, chez un sujet encore jeune.

mille autres services, en échange desquels il reçoit la protection de l'homme et son affection ; il a sa place auprès de la famille et son intelligence lui permet de comprendre les faveurs qu'il en reçoit. Il s'en montre heureux et reconnaissant.

Nous ne finirions pas si nous voulions rappeler ici les anecdotes qui se rattachent aux qualités morales du chien et montrent jusqu'à quel point il sait s'identifier aux inté-

Fig. 15. — *Chien lévrier.*

rêts de son maître, aller au-devant de ses désirs et se dévouer pour lui. Des livres spéciaux en ont consacré le récit, et il n'est pas jusqu'aux exagérations auxquelles certains d'entre eux se sont laissés aller qui ne nous paraissent vraisemblables, tant nous croyons à l'intelligence du chien et à son abnégation. Si peu acceptables qu'ils soient, parfois, ces récits ont le don d'exciter nos sympathies et nous sommes toujours disposés à y voir l'expression de la vérité.

Les chiens sont souvent fort différents les uns des autres

dans leurs caractères extérieurs. Ils constituent même un assez grand nombre de races et de sous-races.

Les variations de la taille; l'allongement des oreilles, qui sont souvent élargies et pendantes au lieu de rester droites comme dans les espèces sauvages du même genre; la forme générale du corps; la diversité du pelage; les modifications éprouvées par le crâne, soit dans sa région cérébrale, soit dans sa partie maxillaire, et même, dans certains cas, la présence d'un ou de deux doigts supplémentaires aux pieds de derrière, sont autant de faits qui attestent l'action modificatrice que la domesticité a exercée sur le chien, puisque ce sont autant de caractères que la comparaison du chien domestique avec les animaux sauvages du groupe des canidés ne permet d'attribuer qu'à l'action de l'homme ou à celle des conditions exceptionnelles dans lesquelles le chien a été placé par lui.

FIG. 16. — *Chien King's Charles.*

Toutefois le chien primitif ne nous est pas connu et l'on ne saurait dire encore si les chiens domestiques descendent d'une ou de plusieurs espèces particulières qui seraient passées tout entières au pouvoir de l'homme sans persister à l'état libre, ou bien encore s'il faut les rattacher à quelque espèce sauvage maintenant existante, comme le loup, le chacal, ou même le regarder comme descendant à la fois de ces deux espèces dont il ne serait dans cette dernière hypothèse qu'une modification due à l'intervention de l'homme.

On ignore à plus forte raison dans quelle proportion ces deux sortes de canidés auraient concouru à sa formation.

L'origine des animaux domestiques nous échappe. De nouvelles recherches pourront seules éclairer la science sur les questions difficiles qui s'y rattachent. C'est en étudiant les lois de la variabilité des espèces, en comparant les races soumises aux types sauvages qui leur sont analogues et en recherchant dans la série des dépôts post-tertiaires en Europe et surtout en Asie les débris que les uns et les autres y ont laissés que l'on arrivera sous ce rapport à des notions exactes.

Les principales races de chiens sont :

1° Les *lévriers* (fig. 15), dont les formes sont allongées et qui sont plus rapides à la course que tous les autres ;

2° Les *mâtins*, plus robustes que les lévriers et en général de plus forte taille (mâtin, danois, basset, etc.) ;

3° Les *lachnés* des naturalistes anglais ou chiens laineux dont le pelage est plus fourni (chiens des Esquimaux, de Terre-Neuve, des Alpes, de berger, etc.) ;

4° Les *chiens de chasse* tels que le chien courant, le braque, l'épagneul, le barbet auxquels se rattachent le griffon et d'autres sous-races, pour la plupart de petite taille, comme le *Bleinheim*, le *king's Charles* (fig. 16), le petit chien blanc de Cuba, etc., qui sont des chiens de luxe ;

FIG. 17. — *Chien boule-dogue*

5° Les *boule-dogues* (*bull-dogs* ou chiens bœufs des Anglais) à museau court, dont la mâchoire inférieure est plus saillante que la supérieure et qui ont le crâne relevé. Ce sont les brachygnathes de cette espèce. Une des sous-races appartenant à la division qu'ils constituent est depuis quelque temps fort répandue chez nous; elle sert à faire la chasse aux surmulots, dont le nombre est devenu si considérable à Paris et dans beaucoup d'autres villes.

L'origine du CHAT DOMESTIQUE (*Felis domestica*) n'est pas plus certaine que celle du chien. On s'est également demandé s'il ne descendrait pas de plusieurs espèces sauvages parmi lesquelles on comprend alors, indépendamment du chat sauvage de nos forêts (*Felis catus*), le chat ganté d'Égypte (*Felis maniculata*) et le chat manul de Tartarie (*Felis manul*); ce qui expliquerait ses principales variétés. D'ailleurs la domestication du chat paraît bien moins ancienne que celle du chien, dans nos contrées du moins, car les Égyptiens l'avaient déjà obtenue et l'on retrouve des chats domestiques parmi les momies enfouies dans leurs hypogées. Son asservissement est aussi moins complet et les caractères organiques de cet animal n'ont subi que de légères modifications.

FIG 18. — *Chat domestique.*

FIG. 19. — Dentition du *Chat.*

Le chat vit dans nos demeures par intérêt et par goût plutôt que par affection ou par dévouement; c'est son bien-être qu'il cherche avant tout et s'il nous rend quelques services en détruisant les petits rongeurs qui envahissent nos habitations ou attaquent nos provisions, c'est parce qu'il y trouve son avantage. Il conserve malgré sa familiarité les allures défiantes de ses congénères du genre félis, le lion (fig. 20 et 21), le tigre (fig. 22), la panthère, le jaguar ou

Fig. 20. — *Lion.*

le lynx; et s'il n'est pas aussi féroce qu'eux, c'est parce qu'il est plus faible. Il a les mêmes penchants; comme eux il évite la société; il est égoïste avant tout et l'on ne gagne sa confiance qu'avec peine; jamais il ne la donne entièrement.

Le chat et le chien sont l'un et l'autre des animaux carnassiers, c'est-à-dire vivant de chair, mais ils ne le sont pas au même degré, et le chien peut associer à son régime des substances végétales; il est jusqu'à un certain point omnivore.

Quoi qu'il en soit, ces deux espèces d'animaux, bien que domestiques l'une et l'autre, rentrent dans l'ordre des mammifères qui renferme les espèces les plus destructrices de cette classe, l'ordre des carnivores, et dans la classification on les associe à l'ours, au loup, au lion, à la panthère, à l'hyène, au blaireau, ainsi qu'à la fouine et à la loutre.

C'est au même genre que le loup, qu'il faut rapporter le chien, et ce genre (genre CANIS), tel que Linné le définissait, renferme aussi le chacal, le renard et autres espèces analogues.

FIG. 21. — *Lionne* et ses petits.

Le chat est un animal d'un autre genre. Ainsi que nous l'avons déjà dit, les quadrupèdes qui se rapprochent le plus de lui et auprès desquels il doit être classé, sont le lion, le tigre, la panthère, le jaguar, etc., tous animaux se nourrissant de proie vivante et qui joignent à une forme spéciale de dentition des pieds armés d'ongles crochus et rétractiles. Le genre qu'ils constituent est celui des FÉLIS.

Les animaux sauvages qui se rapprochent du chien domestique et ceux également sauvages dont les caractères nous rappellent le chat, quelles que soient d'ailleurs leur taille et leur force, nous offrent donc l'exemple de deux de ces réunions naturelles auxquelles on donne le nom de genres (les genres *Canis* et *Felis*). Leurs espèces ont des aptitudes communes, mais les conditions secondaires de l'existence sont en partie différentes pour chacune d'elles, et les individus qui les composent ne se mêlent pas entre eux, si ce n'est toutefois dans des circonstances exceptionnelles dues pour la plupart à l'influence de l'homme.

Fig. 22. — Tête du *Tigre*.

Le cheval et les espèces dont nous avons parlé en faisant son histoire forment un autre groupe de même valeur, c'est-à dire un genre, mais il est lui-même susceptible de quelques variations secondaires, et, comme nous l'avons déjà fait remarquer, l'espèce qu'il constitue n'est pas identique à elle-même dans tous ses détails chez tous les individus qui s'y rapportent.

Nous avons vu qu'il y avait des chevaux plus trapus et mieux disposés pour traîner des fardeaux; d'autres plus sveltes et plus appropriés à la course; il y en a aussi de plus grands et d'autres qui sont plus petits. C'est là ce que l'on nomme des variétés, ou, lorsque ces variétés se perpétuent, ce qui arrive fréquemment, des races. Les bœufs, les chèvres, les moutons, les poules et la plupart des autres espèces domestiques nous offrent l'exemple de semblables différences secondaires dues le plus souvent à l'action de l'homme et aux circonstances nouvelles au milieu desquelles il place les animaux dont il dispose.

Les chiens domestiques présentent une diversité plus grande encore, et leur étude est d'un grand intérêt pour le naturaliste qui veut se faire une idée de la variabilité relative dont les différentes espèces sont susceptibles. Il constate que si ces dernières conservent leurs caractères principaux, les particularités distinctives de leurs races ou variétés sont pour ainsi dire mobiles et que les caractères de second ordre qui les distinguent sont contingents, c'est-à-dire susceptibles de changer avec les circonstances qui les ont produits.

C'est là ce qui nous explique pourquoi les couleurs des animaux domestiques, leur taille, les proportions de leur corps, la longueur de leur tête, etc., varient si souvent d'une race à une autre, et diffèrent même quelquefois dans les individus d'une même portée. Cela provient évidemment de ce que nous pouvons agir sur ces animaux de manière à modifier leur qualités physiques, parfois même leurs habitudes et jusqu'à un certain point le degré de leur intelligence.

De cette action résultent ces variétés ou sous variétés d'abord accidentelles, que nous recherchons pour le parti qu'il est possible d'en tirer, et que nous exagérons encore pour en multiplier les individus suivant le degré d'utilité qu'elles ont pour nous. Cette sorte de triage volontaire à l'aide duquel nous choisissons pour ainsi dire parmi les variétés pour nous approprier celles qui nous offrent le plus d'avantage et en multiplier à l'infini les individus, a reçu le nom de *sélection*; c'est en effet un véritable choix et les résultats que l'on obtient de la sorte permettent d'apporter de grandes améliorations dans les qualités de nos animaux domestiques.

Quelquefois ces changements dans les caractères des espèces sont le résultat d'une sorte de monstruosité; c'est en particulier ce que nous voyons dans les chiens de la race des bassets (fig. 23), dans les chèvres à front busqué de la haute Egypte, dans certaines races de bœufs, de porcs ou de poules, etc.

Ces changements sont aussi curieux que favorables à nos intérêts, mais ils ne dépassent pas les bornes d'une variabilité limitée, et c'est sans preuve aucune que divers auteurs ont étendu la théorie de la variabilité à la production des espèces elles-mêmes. La science en est réduite, en ce qui concerne l'origine de ces dernières, à de pures suppositions.

Ainsi les espèces animales sont comme les espèces végétales susceptibles de certaines modifications secondaires (soit naturelles, soit dues à la culture) qui constituent des races ou variétés; mais elles conservent des caractères propres et fondamentaux qui permettent de les distinguer les unes des autres. C'est l'association de ces *espèces* en groupes primordiaux qui constitue les *genres*.

FIG. 23. — *Chiens bassets.*

Nous avons déjà donné dans ce chapitre des exemples de variétés ou races, d'espèces et de genres. La réunion des genres ayant des caractères communs forme des *familles naturelles*; l'association de ces familles constitue les *ordres*; les ordres forment à leur tour les *classes* lorsqu'ils relèvent d'un même système général d'organisation, et c'est en associant les classes elles-mêmes en tenant compte du plan commun de leur structure que l'on édifie les *types* ou *embranchements* au nombre de cinq seulement entre lesquels on partage la totalité des animaux[1].

1. Exemples : *race*, le lévrier; — *espèce :* le chien domestique; — *genre :* le genre *Canis*, formé de la réunion des espèces chien, loup

Le mot *hybridation*, auquel nous avons fait allusion plus haut, demande à être expliqué. Il est facile, dans certains groupes de végétaux, d'obtenir une forme intermédiaire à deux espèces données en fécondant l'une de ces espèces par le pollen de l'autre. De même en zoologie on obtient par le croisement de deux espèces appartenant à un même genre des produits hybrides appelés métis ou mulets. Tout le monde connaît le mulet, qui provient du rapprochement du cheval avec l'ânesse ou de la jument avec l'âne. Mais chez les animaux supérieurs de semblables produits ont, en général, cela de particulier qu'ils sont inféconds, c'est-à-dire incapables de donner des descendants. Un des hybrides les plus curieux que l'on ait encore obtenus est celui d'une tigresse et d'un lion.

chacal, renard; — *famille* : la réunion des canis, félis, hyène et animaux analogues qui sont digitigrades; — *ordre* : l'ensemble des carnivores, c'est-à-dire les digitigrades dont il vient d'être question et les ours, etc., qui sont des carnivores plantigrades; — *classe* : les mammifères (carnivores, ruminants, cétacés, etc.); — *type* ou *embranchement* : les vertébrés, c'est-à-dire les mammifères et les autres animaux pourvus de vertèbres, tels que les oiseaux, les reptiles, les batraciens et les poissons.

CHAPITRE III.

MŒURS DE LA TAUPE. REMARQUES AU SUJET DE DIFFÉRENTES AUTRES ESPÈCES DE QUADRUPÈDES.

Les TAUPES, auxquelles on fait une poursuite assidue, sont moins nuisibles qu'on ne le pense généralement, car elles vivent d'insectes et s'opposent par conséquent à la trop grande reproduction de ces animaux dévastateurs. Le bouleversement du sol dans lequel elles creusent leurs galeries constitue leur principal dégât; aussi quelques naturalistes ont-ils essayé la réhabilitation de ces mammifères et ils proposeraient volontiers d'en favoriser la multiplication.

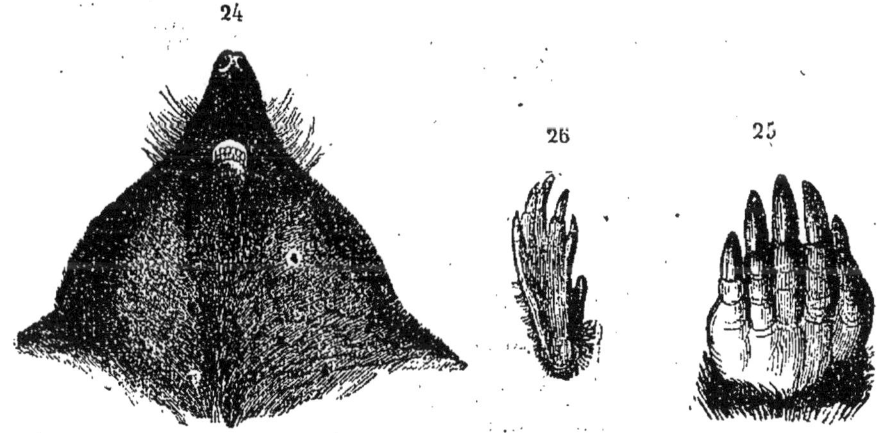

FIG. 24. — Tête de la *Taupe;* vue en dessous.
FIG. 25. — Patte antérieure de la *Taupe.*
FIG. 26. — Patte postérieure de la *Taupe.*

Les taupes rentrent avec les hérissons, les musaraignes,

les desmans et un certain nombre d'espèces exotiques dont quelques-unes constituent des genres encore différents de ceux-là, dans un ordre particulier de la classe des mammifères, ordre auquel on a donné le nom d'insectivores parce que les insectes constituent principalement la nourriture des animaux qui le composent. La conformation des taupes est des plus curieuses.

FIG. 27. — *Taupe.*

Appelées à vivre presque constamment sous terre, elles ont les yeux fort petits, mais sans être privées pour cela du sens de la vue ; elles manquent d'oreilles externes ; leur museau est allongé en forme de groin, et leurs membres antérieurs, dont l'humérus (fig. 29) ou os principal est court et large, constituent de véritables rames (fig. 25), à l'aide desquelles elles remuent facilement la terre. Aussi ces petits animaux construisent-ils des galeries souterraines très-étendues et ils s'y meuvent avec une grande facilité.

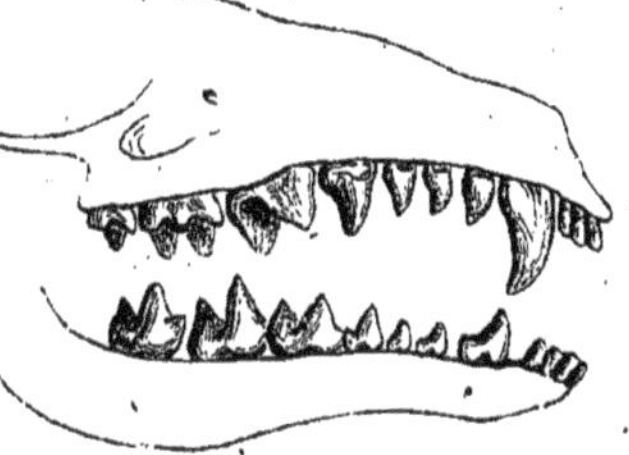

FIG. 28. — Dentition de la *Taupe*.

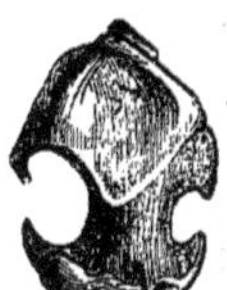

FIG. 29. — Humérus de la *Taupe*.

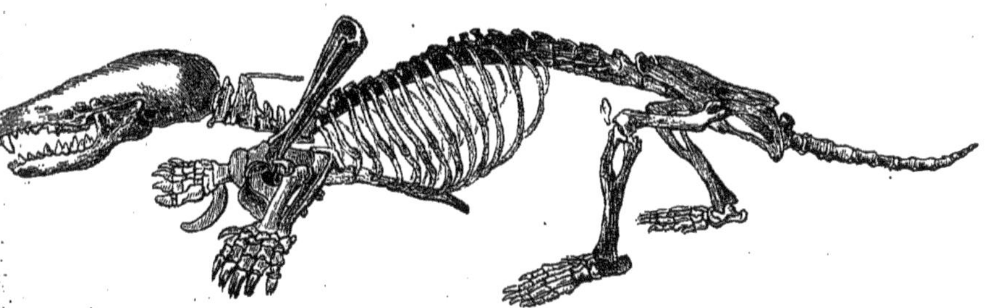

Leur squelette (fig. 30) présente encore quelques particularités non moins bizarres que celles dont il vient d'être question, et le reste de leur organisation n'est pas moins curieux à étudier.

Leurs dents (fig. 28) sont nombreuses, aiguës ou relevées par des pointes, ce qui leur donne une grande facilité pour broyer les insectes dont elles se nourrissent.

Les taupes passent leur vie souterraine dans les galeries qu'elles pratiquent près de la surface du sol et que décèlent les petites buttes faites avec la terre qu'elles en retirent. Chaque individu a son terrier particulier, lequel se compose d'un long conduit ou boyau à l'une des extrémités duquel est le cantonnement formé par de nombreux passages partagés en différents carrefours. Chaque jour, la taupe creuse pour la recherche de ses aliments. A l'autre extrémité sont aussi des galeries dont une lui sert de gîte (fig. 31). Elle n'en sort guère que deux heures le matin et deux heures le soir pour se livrer à ses travaux dans la galerie de cantonnement. Dans un sol meuble la taupe se meut avec vitesse, et lorsqu'on cherche à la surprendre dans ses galeries, elle réussit habituellement à se soustraire aux poursuites dont elle est l'objet; à terre elle est plus embarrassée.

Des règlements prescrivent la destruction de ces petits mammifères. Il y a des gens qui exercent le métier de taupiers. Leur principal talent consiste à appliquer à la capture des taupes quelques procédés dont ils font souvent mystère. Ils arrivent toutefois à en faire une grande destruction. On emploie aussi des piéges pour obtenir ce résultat, et des manuels spéciaux ont été consacrés à ce genre de chasse.

Les taupes possèdent six mamelles; elles ont plusieurs petits à chaque portée.

Quelques naturalistes admettent l'existence en Europe de deux espèces du genre taupe, dont une aurait les yeux encore plus petits que la taupe de nos prairies (*Talpa vulgaris*). Elle a reçu le nom de taupe aveugle (*Talpa cæca*); c'est en Italie qu'elle a été signalée.

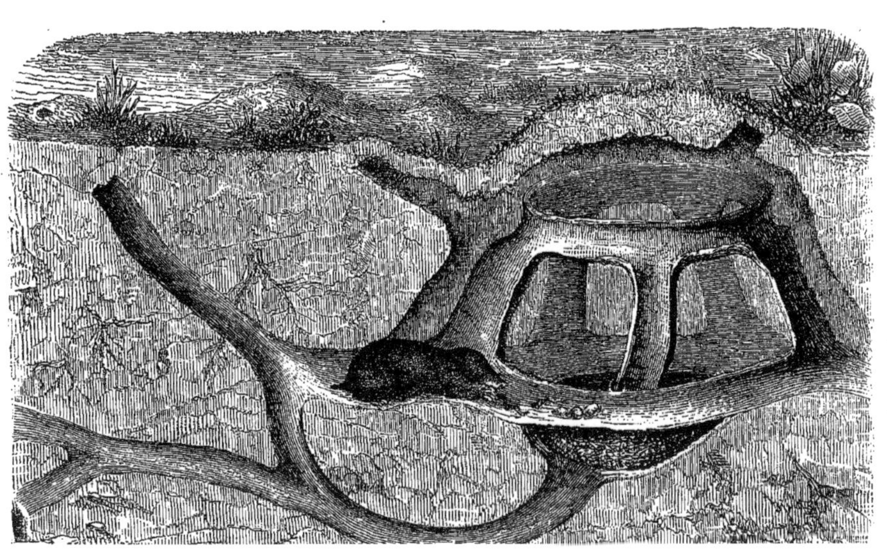

Une espèce analogue aux taupes par tous ses caractères extérieurs, mais dont la dentition présente une particularité distinctive facile à saisir, vit au Japon; on la nomme *Taupe moogura*.

D s animaux de la même famille, mais qui présentent des particularités notables, sont connus aux États-Unis d'Amérique ainsi qu'en Afrique.

Dans ce dernier continent vivent les chrysochlores qui joignent à quelques dispositions anatomiques fort singulières la particularité d'avoir le pelage irisé et donnant des reflets métalliques. Leur conformation est encore mieux appropriée à la vie souterraine que celle de nos taupes européennes; on ne les trouve que dans les régions sableuses.

Examen comparatif de la taupe, du chien, du lapin, du boeuf, du mouton et du cheval. — Ainsi que nous l'avons dit tout à l'heure, la taupe dont nous venons de parler et les espèces également insectivores qui s'en rapprochent, forment une série de genres que les naturalistes ont réunis en un ordre particulier appartenant à la classe des mammifères; cet ordre est celui des insectivores.

Buffon, qui n'avait pas reconnu, lorsqu'il commença son grand ouvrage, les nécessités d'une classification régulière des animaux et qui ignorait d'ailleurs, comme tous les naturalistes de son temps, les règles qui peuvent seules rendre cette classification possible, ne tarda pas à comprendre qu'on ne saurait se passer d'un tel guide. Aussi, en traitant des espèces exotiques ou indigènes les plus connues, eut-il soin de grouper autour de chacune d'elles celles qui lui ressemblent le plus, quelle qu'en soit la provenance et quel que soit le parti que nous en puissions tirer. C'est aux singes qu'il a d'abord appliqué ces règles de classification naturelle.

De son côté, Linné s'exerçait à établir une classification régulière des animaux et des plantes, et dans les diverses éditions de son Système de la nature, il a modifié à plusieurs reprises la répartition donnée par lui des espèces en groupes naturels

D'autres savants se sont appliqués à la solution des mêmes questions, et de nos jours la classification zoologique est arrivée à un degré de perfection remarquable. Les espèces qui ont des caractères communs et des propriétés analogues sont réunies dans le même genre. L'association des genres qui se ressemblent le plus forme des familles ou des ordres, et c'est du rapprochement de ces ordres que résultent les classes. Les mammifères, en particulier, forment une classe dans laquelle on reconnaît plusieurs ordres, de nombreuses familles et une quantité encore plus considérable de genres et d'espèces.

G. Cuvier, dont les travaux ont si largement contribué aux progrès de la classification naturelle, admettait que les taupes et autres mammifères insectivores appartenaient au même ordre que le chat et le chien. Il plaçait encore dans cet ordre les chéiroptères, ainsi que les phoques. On a démembré depuis lors cette association hétérogène et fait des chéiroptères, des insectivores, des carnivores comprenant le chat, le chien et les autres animaux ayant un régime analogue, enfin des phoques, autant d'ordres à part. Ces ordres ne sont pas les seuls que comprenne la classe des mammifères.

Les singes, dont nous parlerons bientôt, en forment un autre auquel on associe également les makis; les ruminants sont un autre groupe naturel de même valeur; les chevaux réunis aux rhinocéros et aux tapirs un autre encore; enfin, il faut ajouter à cette liste, pour la compléter, les rongeurs (castor, écureuil, rat, lapin), les édentés (tatou, fourmilier, pangolin), les marsupiaux (sarigue, kangurou), les monotrèmes (échidné, ornithorhynque) et les cétacés (baleine, cachalot, dauphin), qui sont autant de groupes naturels d'animaux mammifères dont tout le monde a entendu parler.

Les caractères de chacun de ces ordres seront exposés avec détail dans la partie de cet ouvrage consacrée aux mammifères[1].

1. *Zoologie*, 1re année, 2e partie.

Nous avons déjà parlé du cheval dans ce volume; la taupe, type des insectivores, le chien et le chat, espèces de carnivores, viennent aussi de nous occuper. Il nous suffira donc, pour répondre aux questions du programme, de rappeler sommairement les principaux traits distinctifs du lapin, pris comme exemple de l'ordre des rongeurs et ceux du bœuf ainsi que du mouton, qui sont nos espèces de ruminants les plus utiles.

Le LAPIN est un animal plutôt captif que domestique, vivant par petites bandes, lorsqu'il est à l'état sauvage, et dont les instincts bornés sont bien loin de rappeler l'intelligence du chien, du chat, du cheval ou du bœuf. Il appartient, comme tous les autres rongeurs, à la grande division des mammifères pourvus d'ongles ou mammifères onguiculés.

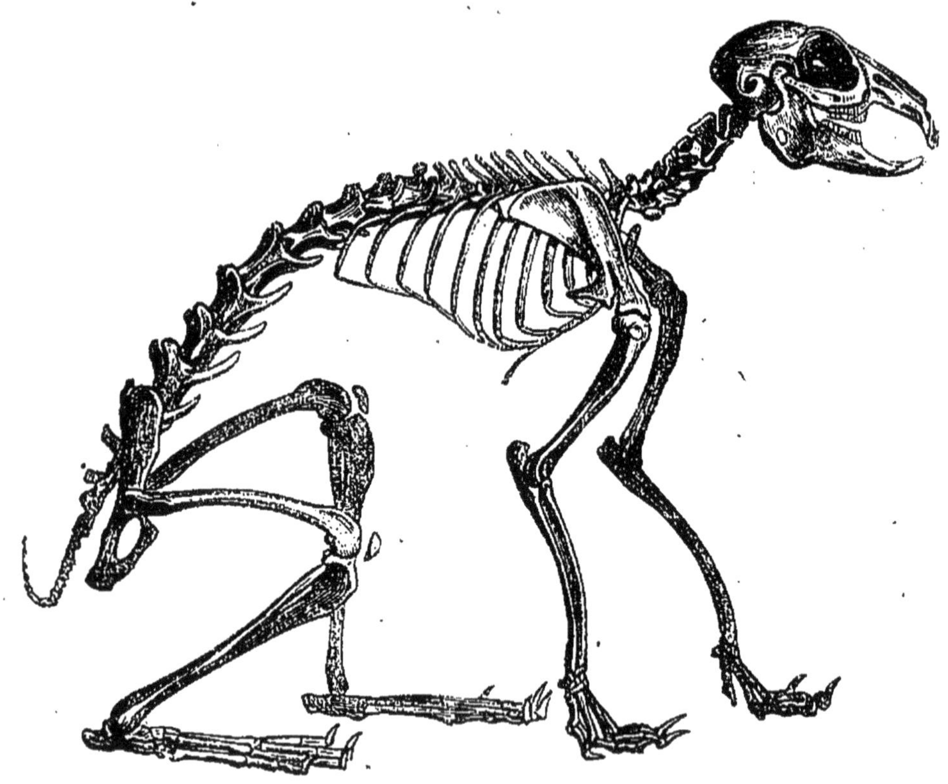

FIG. 32. — Squelette du *Lapin*.

Ses dents, de deux sortes, incisives et molaires, sont au nombre de seize à la mâchoire supérieure et de douze à l'inférieure. Une large barre sépare ses molaires d'avec les incisives dont il a deux paires supérieurement et une paire inférieurement.

Le cerveau du lapin est petit, ce qui est en rapport avec son peu d'intelligence. Ses oreilles sont allongées parce qu'il doit entendre ses ennemis de loin pour leur échapper, et ses pattes de derrière sont plus longues que celles de devant, ce qui contribue à le rendre aussi agile à la course qu'habile à sauter; sa queue est courte. Intérieurement, il offre de remarquable la longueur considérable de ses intestins et l'ampleur de son cœcum, c'est-à-dire de l'appendice placé entre son intestin grêle et son gros intestin. Ce mode de conformation est en rapport avec le régime du lapin, qui est essentiellement végétal.

Il y a des lapins sauvages dans plusieurs parties du monde (Europe, Asie, Afrique et Amérique).

Ces animaux sont du même groupe naturel que les lièvres, mais ils ont des habitudes différentes des leurs et leur apparence extérieure n'est pas non plus la même. Leurs petits naissent sans poils et les yeux fermés tandis que ceux des lièvres sont velus et voient déjà clair.

Le Bœuf (fig. 1 et 34) est aussi un mammifère herbivore, mais il a la propriété de ruminer, c'est-à-dire de ramener à sa bouche pour les mâcher et les insaliver d'une manière suffisante, les aliments qu'il a précipitamment introduits dans son estomac; aussi a-t-il cet organe divisé en plusieurs loges : la *panse*, vaste réservoir qui reçoit les aliments à mesure que l'animal les recueille; le *bonnet*, qui les moule partie par partie sous la forme de petites pelotes et les renvoie à travers l'œsophage jusque dans la bouche où ils subissent le bénéfice d'une nouvelle mastication; le *feuillet*, dans lequel ils redescendent après avoir été ainsi triturés d'une manière définitive, et la *caillette* qui les imprègne de suc gastrique.

Le bœuf rumine donc, ce qu'il est d'ailleurs facile de constater lorsque cet animal est en repos. On voit alors remonter le long de son cou les petites pelotes alimentaires dont nous avons parlé plus haut et, après les avoir broyées patiemment, l'animal les fait ensuite redescendre dans la troisième loge de son estomac.

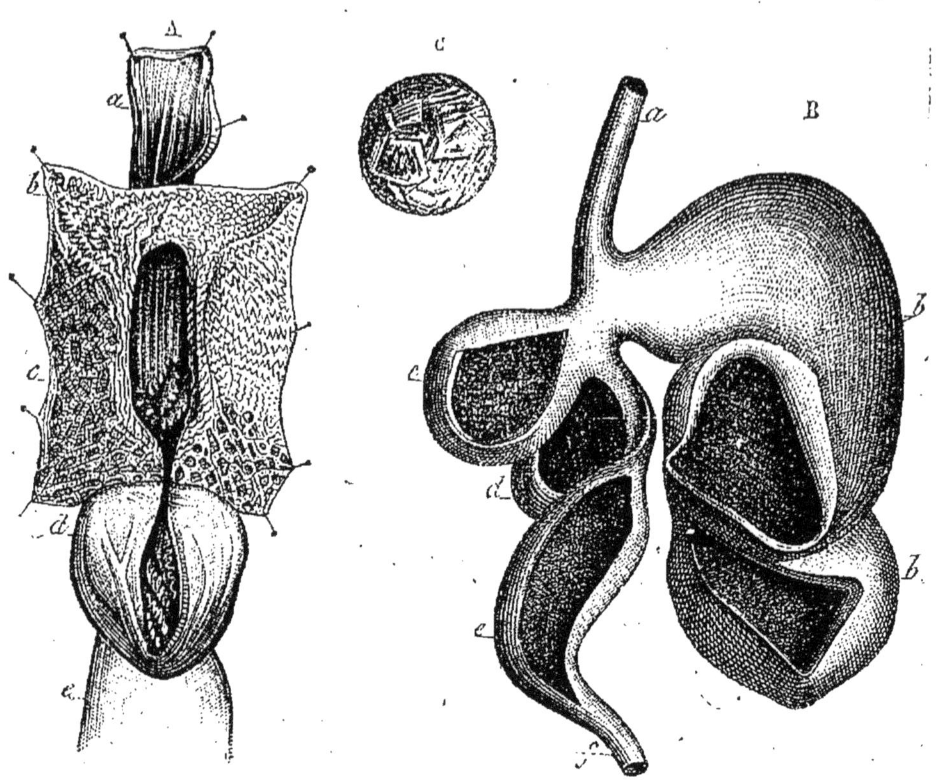

FIG. 33. — Estomac de ruminant (*Mouton*).

A = *a*) la partie inférieure de l'œsophage fendue; — *b*) partie de la panse; — *c*) partie du bonnet : ces deux cavités ont été ouvertes pour montrer la gouttière du rainure conduisant à l'œsophage, qui facilite la rumination; — *d*) le feuillet fendu longitudinalement; — *e*) partie de la caillette.

B = *a*) œsophage; — *bb*) panse divisée en deux compartiments; — *c*) bonnet; — *d*) feuillet; — *e*) caillette; — *f*) commencement du duodénum : les quatre divisions de l'estomac ont été ouvertes pour en montrer l'intérieur.

C = pelote alimentaire que l'animal fait remonter de son estomac à sa bouche pour la mâcher de nouveau, ce qui constitue l'acte de la rumination.

Le bœuf est du nombre des animaux qui ont les intestins fort longs, disposition rendue nécessaire par son régine même, puisque les aliments végétaux sont moins nourrissants à volume égal de poids que ceux d'origine animale.

Il présente encore d'autres particularités dignes d'attention. Sa tête est armée de cornes formées par un étui extérieur de nature cornée et par un axe intérieur osseux, excavé intérieurement par de nombreuses cellules qui semblent être des prolongements des sinus olfactifs et contribuent en même temps à diminuer la pesanteur du crâne entre les parois duquel on retrouve une semblable disposition.

Fig. 34. — *Taureau.*

Les pieds du bœuf ne sont pas moins caractéristiques. Ils sont formés par deux doigts disposés en fourche ou, comme on le dit dans le langage zoologique, bisulques, et ces deux doigts sont portés par un os unique, le canon, qui résulte pour les pieds de devant de la soudure des deux métacarpiens principaux, et pour les pieds de derrière de celle des deux métatarsiens correspondants. Deux autres doigts purement rudimentaires complètent les pieds de cet animal.

Une semblable réunion de caractères se retrouve chez le mouton, la chèvre, les antilopes de toutes sortes, les cerfs et autres espèces pourvues de cornes à étuis ou de bois, ainsi que chez quelques mammifères de genres encore différents, tels que la girafe, le chevrotain, le chameau et le lama. Tous ces animaux rentrent donc dans la catégorie des ruminants, mais les derniers, plus particulièrement les chameaux et les lamas, s'éloignent déjà des autres à divers égards et leur dentition n'est plus tout à fait la même.

Il est digne de remarque qu'un rapport constant existe chez ces animaux entre la conformation de leurs dents, dont nous donnerons ailleurs la description, et la longueur de leurs intestins. Les pieds eux-mêmes sont appropriés à ce mode de conformation : chez les ruminants ils sont terminés par des sabots et incapables de servir à autre chose qu'à la marche.

Nous avons déjà trouvé une pareille harmonie entre les dents, le tube digestif et la forme des pieds chez le cheval; les particularités qui le distinguent à cet égard sont évidemment en rapport avec le genre de vie de cette utile espèce et son rôle au sein de la création.

De même pour le lapin, le chien, le chat, le singe, animaux quadrupèdes dont les habitudes sont encore différentes et qui possèdent les uns et les autres un certain nombre de particularités anatomiques qui leur sont propres. Il n'est pas jusqu'à la conformation de la mâchoire qui ne participe à cette sorte de corrélation organique dont les rapports varient pour chaque espèce ou chaque groupe d'espèces.

Cuvier a parlé de ces rapports avec beaucoup de justesse dans son Discours sur les révolutions du globe. « Tout être organisé, dit ce grand naturaliste, forme un ensemble, un système unique et clos, dont les parties se correspondent mutuellement, et concourent à la même action définitive par une action réciproque.... Si les intestins d'un animal sont organisés de manière à ne digérer que de la chair et de la chair récente, il faut aussi que ses mâchoires soient construites pour dévorer une proie; ses griffes pour la saisir; ses dents pour la couper et la diviser; le système entier de ses organes de mouvement pour la poursuivre et pour l'atteindre; les organes des sens pour l'apercevoir de

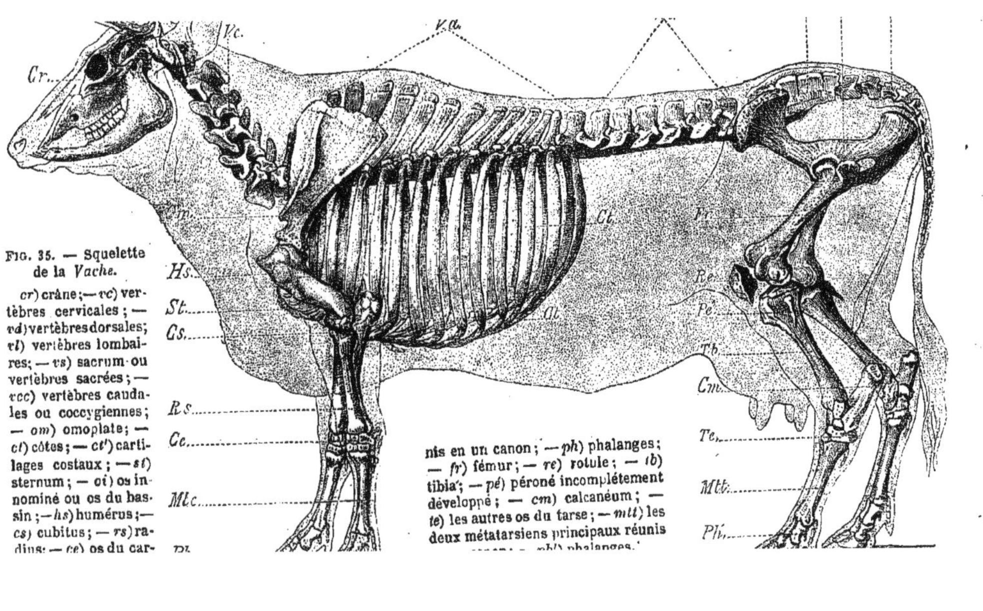

FIG. 35. — Squelette de la *Vache*.

cr) crâne ; — *vc*) vertèbres cervicales ; — *vd*) vertèbres dorsales ; *vl*) vertèbres lombaires ; — *vs*) sacrum ou vertèbres sacrées ; — *vcc*) vertèbres caudales ou coccygiennes ; — *om*) omoplate ; — *ct*) côtes ; — *ct'*) cartilages costaux ; — *st*) sternum ; — *oi*) os innominé ou os du bassin ; — *hs*) humérus ; — *cs*) cubitus ; — *rs*) radius

nis en un canon ; — *ph*) phalanges ; — *fr*) fémur ; — *re*) rotule ; — *tb*) tibia ; — *pé*) péroné incomplétement développé ; — *cm*) calcanéum ; — *te*) les autres os du tarse ; — *mtt*) les deux métatarsiens principaux réunis loin; il faut même que la nature ait placé dans son cerveau l'instinct nécessaire pour savoir se cacher et tendre des piéges à ses victimes.

« Telles sont les conditions générales du carnivore ; tout animal destiné pour ce régime les réunira infailliblement, car sa race n'aurait pu subsister sans elles ; mais sous ces conditions générales il en existe de particulières, relatives à la grandeur, à l'espace, au séjour de la proie pour laquelle l'animal est disposé ; et de chacune de ces conditions particulières résultent des modifications de détail dans les formes qui dérivent des conditions générales : ainsi, non-seulement la classe, mais l'ordre, le genre et jusqu'à l'espèce se trouvent exprimés dans la forme de chaque partie.

« .... Nous voyons bien, par exemple, que les animaux à sabots doivent tous être herbivores, puisqu'ils n'ont aucun moyen de saisir une proie; nous voyons bien que, n'ayant d'autre usage à faire de leurs pieds de devant que de soutenir leur corps, ils n'ont pas besoin d'une épaule aussi vigoureusement organisée, d'où résulte l'absence de clavicule et d'acromion, l'étroitesse de l'omoplate ; n'ayant pas besoin non plus de tourner leur avant-bras, leur radius sera soudé au cubitus, ou du moins articulé par ginglyme et non par arthrodie avec l'humérus; leur régime herbivore exigera des dents à couronne plate pour broyer les semences et les herbages ; il faudra que cette couronne soit inégale, et, pour cet effet, que les parties de l'émail y alternent avec les parties osseuses ; cette sorte de couronne nécessitant des mouvements horizontaux pour la trituration, le condyle de la mâchoire ne pourra être un gond aussi serré que dans les carnassiers : il devra être aplati et répondre aussi à une facette de l'os des tempes plus ou moins aplatie ; la fosse temporale qui n'aura qu'un petit muscle à loger sera peu large et peu profonde, etc.

« Toutes ces choses se déduisent l'une de l'autre selon leur plus ou moins de généralité, et de manière que les unes sont essentielles et exclusivement propres aux ani-

maux à sabots, et que les autres, quoique également nécessaires dans ces animaux, ne leur sont pas exclusives.

Nous arriverions aux mêmes résultats par l'examen comparatif du cerf, animal ruminant, pourvu de bois qui servent à sa défense, de la chauve-souris, destinée à poursuivre sa proie dans les airs, et de la loutre ou du phoque qui vont la chercher dans les eaux. La connaissance de leurs mœurs en rapport avec leurs organes locomoteurs, et celle de l'appropriation de leurs dents, ainsi que de leur appareil digestif au régime propre à chacun de ces animaux, nous fourniraient de nouveaux exemples de l'harmonie qui a présidé à la création de tous les êtres.

Le Cerf appartient au même ordre que le bœuf et le mouton, et, comme eux, il se nourrit de substances végétales. Ses dents ont à peu de chose près la même configuration que les leurs; son canal digestif dont l'estomac est multiloculaire et apte à la rumination est également fort long et pourvu d'un ample cœcum. C'est par les particularités secondaires de sa conformation qu'il se distingue et l'une des principales consiste dans la nature de ses cornes. Ce sont, comme chez le bœuf, des prolongements osseux des frontaux, mais au lieu d'être celluleux à l'intérieur, et enveloppés extérieurement par un étui corné, ces prolongements auxquels on donne le nom de *bois*, n'ont pour enveloppe qu'une peau vasculaire dont ils se dépouillent bientôt; ils sont pleins, leur tige est rameuse et de plus ils sont caduques. On sait en effet que les bois du cerf, du daim, du chevreuil, ainsi que ceux des autres animaux de même famille, tombent annuellement et que chaque année ils repoussent avec une nouvelle vigueur, tant que l'animal est dans sa période de croissance et de force.

La Chauve-souris nous montre une tout autre conformation. C'est un mammifère qui vit de proie et dont les mâchoires sont fortes et armées de dents de trois sortes, parmi lesquelles on distingue à chaque mâchoire une paire de puissantes canines. Le condyle servant à l'articulation de la mâchoire inférieure est transversal au lieu d'être long tudinal, comme dans les ruminants ou le lapin, et il est fortement retenu par les ligaments dans la cavité glénoïde de l'os temporal sur laquelle il se meut. De même que le condyle, cette cavité est étendue dans le sens transversal. A ces différents égards, la chauve-souris est donc conformée sur le même modèle que les carnivores, mais elle en diffère beaucoup sous d'autres rapports.

En effet, c'est d'insectes et non de chair ordinaire que la chauve-souris fait sa nourriture, et ses dents molaires ont leur couronne comme épineuse, de manière à pouvoir briser les élytres et les autres parties dures et chitineuses qui forment l'enveloppe extérieure de ces petits animaux.

FIG. 37. — *Chauve-souris* (Rhinolophe).

De plus, elle doit les poursuivre jusque dans les airs et elle jouit, comme les oiseaux, de la propriété de voler. Cependant c'est par une autre combinaison d'organes que la nature est arrivée à ce résultat.

La chauve-souris a le corps couvert de poils au lieu de plumes, et ses ailes sont autrement conformées que celles des oiseaux. Les doigts, au lieu d'y être raccourcis comme ceux de ces derniers, y sont au contraire fort longs, les phalanges aussi bien que les métacarpiens, et ils soutendent une membrane dénudée qui se prolonge sur le pli du bras, sur les flancs et, en arrière, entre les membres postérieurs, de manière à comprendre la queue. D'ailleurs, la chauve-souris a le corps raccourci comme tous les animaux destinés au vol, et ses muscles pectoraux acquièrent un développement en rapport avec l'allongement de ses bras.

La LOUTRE a aussi des appétits carnassiers, mais c'est dans l'eau qu'elle doit poursuivre ses victimes. Son corps tend à s'allonger comme celui des autres espèces aquatiques;

FIG. 38. — *Loutre.*

sa queue l'aide dans ses mouvements, et elle doit surtout son habileté comme animal nageur aux membranes qui garnissent ses pieds de derrière. Elle a ces pieds palmés, caractère que nous retrouvons chez le castor, le cygne, le canard, le manchot, etc., qui sont aussi des animaux aquatiques.

Le PHOQUE, sans passer toute sa vie dans l'eau comme le fait un dauphin ou une baleine, est cependant plus aquatique que la loutre. Il s'écarte du rivage, traverse à l'occasion des bras de mer, lutte contre la tempête et peut exercer au milieu des flots la plupart de ses fonctions. Son corps a pour ainsi dire la forme d'un fuseau; il est d'une souplesse extrême lorsqu'il nage, et ses membres, comme empêtrés, constituent de véritables rames, les antérieurs aussi bien que les postérieurs.

FIG. 39. — *Phoque.*

L'organisation intérieure du phoque présente en outre différentes particularités en harmonie avec ces habitudes plongeuses, et il peut passer sous l'eau sans y être asphyxié un temps assez considérable. Ajoutons que ses dents sont aiguës ou relevées par des pointes, presque en scie pour la plupart et parfaitement appropriées à la capture du poisson dont il fait principalement sa nourriture.

Nous trouvons dans les SINGES un mode encore différent d'appropriation. Ce sont des animaux destinés à vivre sur les arbres et qui ont les membres disposés pour saisir facilement les branches sur lesquelles ils se meuvent avec une agilité merveilleuse, gambadant de l'une à l'autre et s'élançant parfois à des distances considérables.

L'orang-outang n'est pas moins remarquable que les autres singes sous ce rapport; mais de tous les animaux de cette famille, les mieux conformés pour ce genre de vie sont évidemment certaines espèces américaines, chez lesquelles la queue elle-même devient un instrument de préhension.

FIG. 40. — *Cercopithèque Malbrouck* (d'Afrique).

Elle est volubile à la volonté de l'animal, saisit comme le ferait une main et peut à elle seule soutenir tout le poids du corps qui se balance ainsi dans l'espace. Si l'animal s'élance sur quelque arbre éloigné, ses quatre extrémités terminées par de véritables mains servent à l'y retenir.

FIG. 41. — *Sajou* (d'Amérique).

Les singes présentent une autre particularité qui facilite la rapidité de leurs mouvements en laissant leurs mains libres, même lorsqu'ils ont quelques aliments à transporter. Les joues, principalement chez ceux qui vivent dans l'ancien continent, sont dilatables, transformées en petites poches dans lesquelles ils placent les fruits qu'ils viennent d'arracher aux arbres, et ils se sauvent en les emportant de cette façon.

FIG. 42. — *Sajous.*

En traitant de la classe des mammifères, nous ferons connaître les remarquables particularités de structure que présentent les mammifères de ce groupe et les principaux genres que l'on reconnaît parmi eux.

Une seule espèce de singes existe naturellement en Europe ; c'est le magot, qu'on ne trouve qu'auprès de Gibraltar. Le même animal est répandu dans plusieurs parties du Maroc et de l'Algérie.

CHAPITRE IV.

DES ÉLÉPHANTS. ESPÈCES ACTUELLES ET ESPÈCES FOSSILES. PRINCIPALES PARTICULARITÉS D'ORGANISATION.

Les ÉLÉPHANTS forment dans la classe des mammifères un groupe naturel bien distinct dont il n'existe plus maintenant que deux espèces, l'une propre à l'Afrique (*Elephas africanus*), l'autre vivant dans l'Inde (*E. indicus*), où un certain nombre des individus qui la composent servent comme animaux domestiques.

L'anatomie comparée a montré que beaucoup d'ossements de grande dimension répandus dans le sol, en Europe, en Asie, en Amérique et même en Afrique, provenaient d'animaux analogues, les uns congénères de nos éléphants actuels, les autres appartenant à des genres à part, mais susceptibles d'être classés dans le même groupe, et dont la race s'est éteinte à des époques non moins reculées. Ceux-ci ont reçu les noms de mastodontes et de dinothérium. On en trouve de nombreux débris en France, où il y a aussi des restes fossiles d'éléphants véritables.

Les éléphants sont d'énormes mammifères à pieds en colonnes et ne servant qu'à la marche, à cou raccourci, à tête volumineuse, dont la mâchoire supérieure est armée d'une paire de longues dents incisives sortant de la bouche qui leur servent de défenses. Leurs oreilles sont grandes et aplaties; leurs yeux sont proportionnellement assez petits. Mais ce qui distingue ces animaux de tous les autres, c'est le long appendice charnu, mobile en tous sens et capable de servir à la fois à la préhension ainsi qu'au tact, qui surmonte leur lèvre supérieure. Il leur permet d'atteindre à terre sans se baisser et, par la force musculaire dont il est doué, il constitue en outre une arme puissante avec laquelle l'éléphant peut terrasser ses ennemis.

FIG. 43. — *Éléphant d'Asie.*

C'est la trompe, qui n'est en réalité qu'un prolongement de l'appareil nasal. Les deux tubes des narines la traversent dans toute sa longueur, et à son extrémité libre on voit leur double orifice en arrière du petit prolongement digitiforme qui la termine. L'animal s'en sert pour boire. En opérant une forte aspiration, il remplit d'eau les deux tubes qui la traversent, mais cette eau ne remonte pas jusque dans la partie olfactive de l'appareil nasal; les tubes se rétrécissent avant d'arriver à cette dernière, et l'éléphant a

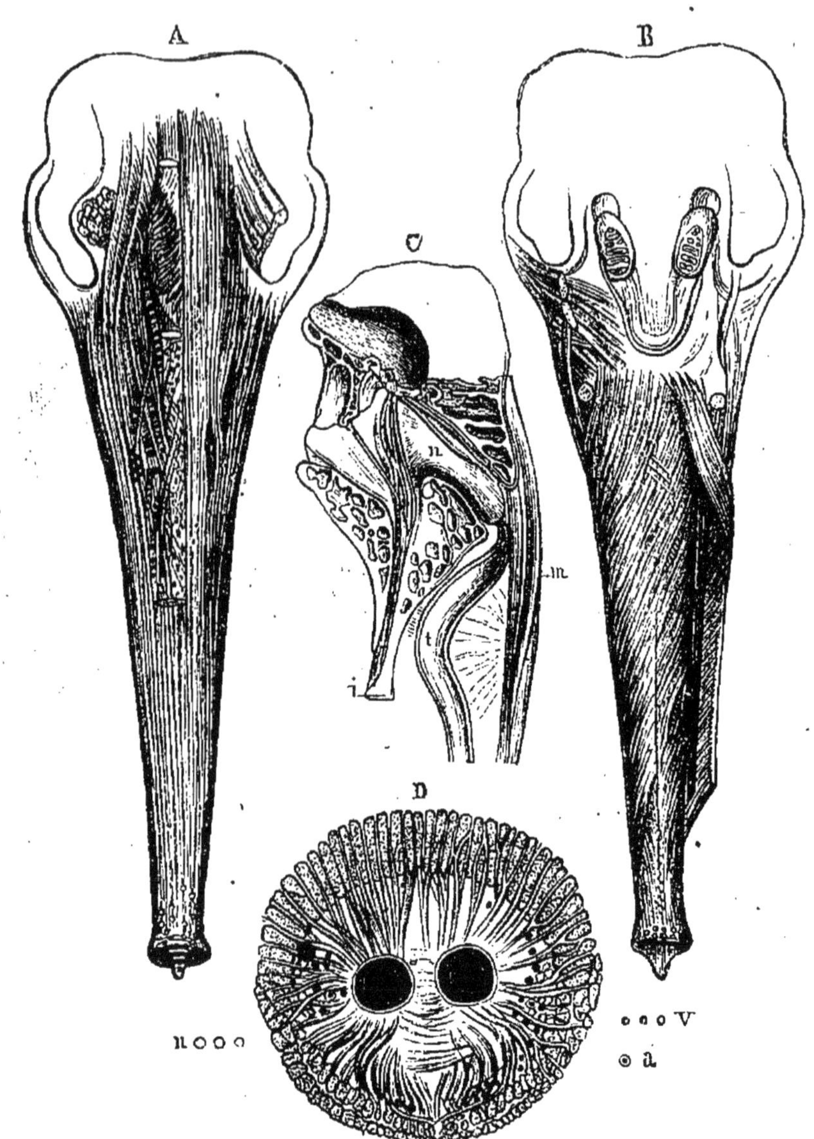

Fig. 44. — Anatomie de la trompe de l'*Éléphant*.

A) les muscles de la partie supérieure et leur insertion sur le front.
B) les muscles de la partie inférieure.
C) Coupe du crâne montrant : *c*) la cavité cérébrale ; — *n*) une des narines — *i*) l'os incisif, — *m*) les muscles de la partie supérieure de la trompe ; — *t*) un des deux tubes de celle-ci qui conduisent aux narines.

D) Coupe de la trompe, pour montrer les nombreux muscles qui la meuvent. Les deux gros cercles ombrés sont les deux canaux conduisant aux narines. Les petits cercles vides semblables à ceux marqués *n* sont des nerfs; ceux dont un est répété auprès de la lettre *a* sont des artères, et ceux de la lettre *v* des veines.

la possibilité de les fermer complétement de manière que sa trompe devient alors un double siphon d'aspiration, au moyen duquel l'animal laissera ensuite écouler dans sa bouche l'eau qu'il y a renfermée, par le simple relâchement des fibres musculaires qui en forment le point de jonction avec les véritables narines.

Une quantité extrêmement considérable de muscles entre dans la construction de la partie charnue de la trompe et concourt à lui donner cette extrême flexibilité. Cette souplesse de la trompe, jointe à sa force considérable et à sa sensibilité, en font un instrument extrêmement précieux pour ces singuliers quadrupèdes. Cuvier n'évalue pas à moins de 30 ou 40 000 le nombre des muscles qui entrent dans la composition de cet organe.

Les éléphants ont deux sortes de dents : des incisives, dont nous avons déjà parlé sous le nom de défenses, et des molaires, appropriées à un régime essentiellement végétal.

Leur cerveau présente de nombreuses circonvolutions et ce sont certainement des animaux fort intelligents.

Leurs mamelles, dont il n'y a qu'une seule paire, sont pectorales; leurs doigts sont au nombre de cinq à chaque pied; enfin leurs membres sont disposés comme des colonnes, uniquement affectés à la sustentation du corps et reposant sur le sol par l'extrémité des doigts. Une grosse pelote de tissu fibreux élastique soutient les pieds de ces animaux et empêche leurs doigts de fléchir dans la marche.

Les éléphants asiatiques (fig. 43) sont faciles à distinguer de ceux de l'Afrique par la forme de leur tête, doublement bombée; par leurs oreilles moins grandes; et par leurs dents molaires qui montrent des ellipses d'émail, à bords festonnés au lieu de losanges réguliers (fig. 45).

Les éléphants de l'Inde sont seuls domestiques; encore ne le sont-ils qu'individuellement, puisqu'ils ne se reproduisent pas en captivité et qu'il faut prendre sauvages ou tout au moins dans un état de demi-liberté ceux que l'on veut employer et les apprivoiser l'un après l'autre. Quel-

FIG. 45. — *Éléphants d'Afrique et d'Asie.*

ques auteurs ont pensé que les éléphants asiatiques constituaient deux espèces, dont une serait particulière à Sumatra ; mais il ne s'agit peut-être ici que de simples variétés.

ÉLÉPHANTS FOSSILES. — Il a existé en Europe, pendant la période quaternaire, des animaux du même genre : on admet même qu'ils étaient de plusieurs espèces. Quel-

ques-uns dépassaient considérablement en dimensions les éléphants actuels.

Ces éléphants d'espèces aujourd'hui éteintes s'étendaient jusque dans le nord de l'Asie et dans l'Amérique septentrionale.

Leur race ou espèce la plus nombreuse était celle à laquelle on a donné le nom de mammouth (*Elephas primigenius*). On en retrouve des individus entiers enfouis dans les boues gelées de la Sibérie, et les poils dont ils avaient le corps garni doivent faire admettre qu'ils étaient capables de mieux résister au froid que ne pourraient le faire les éléphants d'aujourd'hui. L'homme a été le comtemporain de ces animaux.

Le musée de Saint-Pétersbourg possède le squelette d'un éléphant fossile qui a été rapporté des bords de la Léna. Il fut découvert en 1799, par des pêcheurs tongouses, et c'est le naturaliste russe Adams qui a réussi à le faire transporter en Europe. Au moment où on le signala, l'animal avait encore sa peau et ses chairs. Quelques mèches de longs poils dont il était couvert ont été envoyées à différents musées ; on en voit dans celui de Paris. Cette espèce a été commune en Europe.

En France, les éléphants ont aussi existé jusque dans les premiers temps de la période glaciaire. On trouve également des restes de ces animaux en Angleterre, en Belgique, en Allemagne et jusque sur les bords de la mer Noire. C'est donc bien certainement par erreur, qu'après avoir attribué ces ossements à des géants appartenant à l'espèce humaine, on a voulu y voir les restes des éléphants qu'Annibal a conduits de Carthage en Italie, en les faisant passer par l'Espagne et le midi de la France.

Des éléphants assez différents de ceux dont il vient d'être question sont fossiles dans l'Inde, mais dans des terrains plus anciens. On distingue aussi plusieurs espèces parmi eux.

CHAPITRE V.

VOYAGES PÉRIODIQUES DES HIRONDELLES. DESCRIPTION DES PRÉPARATIFS DE LEUR DÉPART.

Beaucoup d'animaux accomplissent périodiquement de longs voyages. Les lemmings, sortes de campagnols particuliers aux régions arctiques, quittent par troupes innombrables la chaîne des Alpes scandinaves, qui est leur demeure habituelle, et ils s'en éloignent suivant deux directions différentes; les uns marchent vers la mer du nord avançant de l'est à l'ouest; les autres descendent vers le golfe de Bothnie et vont de l'ouest à l'est; puis ils retournent vers leurs montagnes. Les bisons, encore si multipliés pans certaines parties de l'Amérique septentrionale, exécutent aussi des émigrations et l'on en voit des bandes considérables aller du nord au sud ou du sud au nord, suivant les saisons. D'autres espèces de mammifères ont des habitudes analogues, et l'on a expliqué par de semblables déplacements l'apparition annuelle des harengs dans les régions septentrionales de l'Atlantique, celles des sardines dans les parties tempérées du même océan et les passages périodiques du thon sur nos côtes de la Méditerranée.

Les migrations des oiseaux sont mieux connues et le but en est incontestable. C'est le soin de leur alimentation qui les dirige, aussi voit-on certaines espèces qui se nourrissent d'insectes voyager annuellement. En été elles viennent nicher dans nos contrées où il leur est alors facile de se nourrir; en hiver elles traversent la Méditerranée et vont en Afrique chercher une nourriture que notre climat est devenu impuissant à leur fournir puisque le froid y a détruit es insectes.

Ces habitudes nomades ont rendu célèbres les HIRONDELLES. Leur départ annonce les mauvais jours; en revenant elles nous présagent le retour de la belle saison.

Il y a en France plusieurs espèces d'oiseaux de ce genre, dont les deux plus communes sont l'hirondelle de cheminée et l'hirondelle de fenêtre.

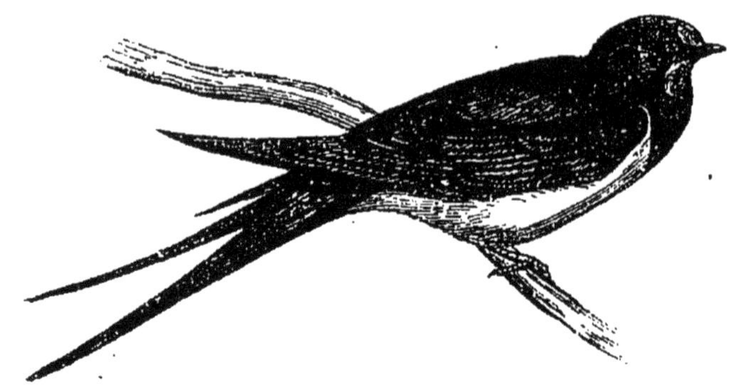

FIG. 47. — *Hirondelle de cheminée.*

Chez l'hirondelle de cheminée (*Hirundo rustica*), le front et la gorge sont de couleur marron; la poitrine et le ventre sont d'un blanc terne ou roussâtre.

Elle recherche partout le voisinage de l'homme, émigre régulièrement, mais ne pousse pas ses voyages au delà du tropique. C'est sur nos habitations, quelquefois dans leur intérieur qu'elle fait son nid, pour lequel elle emploie surtout des matières argileuses. Ses œufs sont blancs, marqués de petites taches brunes et violettes.

L'hirondelle de fenêtre (*Hirundo urbica*) a la nuque et le haut du dos de couleur noire avec des reflets violets; toutes ses parties inférieures et son croupion étant d'un blanc pur. Ses œufs sont aussi de cette couleur. Elle vient dans les villes et niche principalement sous le rebord des toitures ainsi qu'aux angles des fenêtres.

Ces oiseaux volent avec autant de grâce que de légèreté; ils ont les ailes aiguës et la queue en fourche ; mais leurs pieds sont courts et lorsqu'ils se posent à terre leur marche est assez embarrassée. Leur bec large leur permet de saisir au vol les insectes dont ils font leur pâture.

Fig. 48. — *Hirondelle de fenêtre.*

Au retour de leur voyage annuel les hirondelles reviennent dans les localités où elles sont nées et celles qui ont déjà niché savent retrouver l'emplacement même où elles s'étaient précédemment établies. Elles arrivent isolément ou par petites bandes et l'on n'en voit d'abord qu'un certain nombre. Celles-là semblent être des messagères expédiées par les autres pour s'assurer de la possibilité de trouver sous notre climat une subsistance suffisante pour le gros de la troupe, et si le mauvais temps reprend on n'en voit pas arriver immédiatement un plus grand nombre.

Au contraire, le départ des hirondelles a lieu en masse. Il est décidé dans une sorte de réunion générale à laquelle se rendent toutes celles d'une même circonscription.

Dans les villes on voit alors des milliers de ces oiseaux rassemblés sur les toits ; ils s'agitent attendant l'instant propice, et, à un moment donné, ils prennent tous leur vol pour gagner un climat moins rigoureux.

Outre les véritables hirondelles, nous avons aussi en Europe des martinets (genre *Cypselus*), oiseaux de la même famille, mais dont les pattes sont encore plus courtes et les ailes plus longues. Ils se tiennent à une hauteur plus considérable. On les voit souvent en grand nombre auprès des monuments élevés. Leur plumage est moins élé-

FIG. 49. — Départ des *Hirondelles*.

gant que celui des hirondelles et leur taille est sensiblement plus forte.

Les hirondelles et les martinets volent et chassent de jour.

Au contraire, c'est pendant la nuit que les ENGOULEVENTS (genre *Caprimulgus*) entrent en activité, et sous ce rapport ils sont comparables aux accipitres nocturnes (effraies, chouettes, hiboux), auxquels ils ressemblent assez par le moelleux et les teintes gris-brun de leur pelage.

L'engoulevent est dans nos campagnes l'objet de préjugés qui n'ont aucun fondement; aussi nous dispenserons-nous de les rappeler.

Fig. 50. — *Engoulevent d'Europe.*

On trouve dans certaines parties de la mer des Indes une espèce d'hirondelles différentes des nôtres qui place son nid dans les rochers. Elle le construit avec des fucus à moitié digérés qu'elle imprégne d'un suc digestif fourni par son propre estomac.

Cette hirondelle est la Salangane (*Hirundo esculenta*) dont le nid est fort recherché comme aliment, surtout en Chine.

On en fait des potages d'une digestion facile, qui relèvent les forces des malades et excitent l'appétit des individus bien portants. Il semble que le suc gastrique des hirondelles que ces nids renferment se mêle alors à celui de l'estomac humain pour lui venir en aide, et l'on peut comparer leur action à celle du principe appelé pepsine que l'on extrait de la caillette des ruminants pour soulager les personnes qui ont des digestions difficiles.

FIG. 51. — *Hirondelle salangane.*

La salangane est plus petite que nos hirondelles de France, brune en dessous, blanchâtre en dessus et au bout de la queue, qui est fourchue.

CHAPITRE VI.

DES POISSONS. COMPARAISON DE LEUR RESPIRATION AVEC CELLE DES AUTRES ANIMAUX. ANALOGIES QUE LES BATRACIENS ONT AVEC LES POISSONS.

Tous les animaux dont nous avons parlé jusqu'à présent respirent l'air élastique et le prennent à l'atmosphère. Les batraciens n'échappent pas à cette règle puisqu'ils ont des poumons pendant une partie de leur vie, même ceux qui gardent des branchies à tous les âges. Nous verrons que les cétacés, tout en se tenant constamment dans l'eau, ont la respiration purement aérienne et nous retrouverons aussi parmi les invertébrés des espèces qui sont même dans ce cas. Les planorbes et les limnées, mollusques communs dans nos étangs, en sont un exemple. Ils respirent à la manière des limaces et des colimaçons de nos jardins et leurs organes respiratoires ne sont pas différents de ceux de ces derniers mollusques.

Au contraire, un grand nombre d'espèces appartenant aux classes inférieures habitent l'eau et elles y accomplissent leur respiration, c'est-à-dire cet échange d'acide carbonique produit dans leurs tissus et dont se charge le sang en traversant ces derniers, contre de l'oxygène, qui devra servir à l'oxydation d'une quantité nouvelle de carbone incessamment fournie par l'alimentation. La respiration est donc un fait général à tous les animaux et les êtres organisés qui constituent le règne animal ne sont pas dispensés de cette nécessité vitale. Sans elle les fonctions s'éteignent et la mort ne tarde pas à détruire toute activité organique.

Si nous poursuivions ces réflexions, il nous serait facile de démontrer que dans les deux cas de la respiration aérienne et de la respiration aquatique les choses se passent en définitive de la même manière, du moins dans ce que ce phénomène a d'essentiel ; c'est toujours l'oxygène mêlé au milieu ambiant qui est échangé dans l'organe respiratoire contre de l'acide carbonique fourni par l'organisme. La quantité d'eau varie seule. Peu considérable mais jamais nulle dans la respiration aérienne, à laquelle le corps la fournit lui-même, elle est abondante dans la respiration aquatique et l'organe respiratoire se trouve baigné par ce liquide. L'eau ne joue cependant qu'un rôle secondaire dans la respiration. Elle a pour objet d'entretenir la souplesse des membranes à travers lesquelles cet échange de gaz s'accomplit. Quel que soit le mode suivant lequel la respiration s'opère, dans les poissons aussi bien que dans les animaux aériens, ce n'est jamais d'elle que provient l'oxygène absorbé ; elle n'est point décomposée et l'air que l'eau des fleuves ou celle de la mer tient en dissolution est même plus riche en oxygène que ne l'est celui qui entre dans la composition de l'atmosphère. Il en contient jusqu'à 35 et 40 pour 100.

Cet acte de la respiration, si nécessaire à la vie, s'accomplit toutefois au moyen d'organes différemment conformés suivant le genre de vie des animaux que l'on examine.

Les poumons, c'est-à-dire les organes de respiration des espèces aériennes, sont formés par des poches cachées dans l'intérieur du thorax et abrités contre l'action desséchante de l'atmosphère ainsi que contre les autres causes qui pourraient entraver les phénomènes physiques dont ils sont le siége ; tandis que les branchies, organes spéciaux de respiration aquatique, flottent librement dans le liquide au milieu duquel sont plongés les animaux qui les portent. Elles peuvent même être tout à fait extérieures, et si elles sont renfermées dans une cavité, cette cavité est à peu près constamment remplie d'une eau courante et les houppes branchiales sont de toute part en contact avec ce liquide.

De même que c'est en traversant les poumons que le sang se débarrasse de son acide carbonique pour renouveler sa provision d'oxygène, de même aussi cet échange a lieu pendant le passage du sang à travers les bran hies, et en définitive, sauf les modifications nécessitées par la nature du séjour, le phénomène a lieu chez les espèces aquatiques comme chez les espèces aériennes. Telle est la loi que nous voulions démontrer.

C'est donc un caractère pour les poissons, vertébrés vivant complétement dans l'eau, que d'être pourvus de branchies au lieu d'avoir des poumons. Cette particularité suffirait à les faire distinguer de tous les autres animaux du même embranchement, si on ne la retrouvait, tantôt dans le jeune âge seulement, tantôt pendant toute la vie, chez les faux reptiles auxquels on donne le nom de batraciens.

Pendant quelque temps les naturalistes avaient classé les batraciens parmi les reptiles proprement dits, tels que les tortues, les lézards et les couleuvres, et ils s'étaient bornés à en faire un ordre à part, en en formant le quatrième de cette classe elle-même qui se trouvait ainsi partagée en chéloniens ou tortues, sauriens ou lézards, ophidiens ou serpents et batraciens ou reptiles nus.

C'est sur la considération des métamorphoses que les batraciens subissent après leur naissance que se trouvait basée cette séparation des grenouilles, des salamandres, etc., comme ordre distinct, et c'est à cause de leurs pattes à peu près conformées comme celles des reptiles véritables et surtout en considération des poumons qu'ils acquièrent en devenant adultes, qu'on ne distinguait pas ces animaux des reptiles proprement dits. Les analogies qu'ils offrent sous plusieurs autres rapports avec les poissons avaient été considérées comme secondaires, et l'on croyait y satisfaire en mettant les batraciens plus près des poissons que les reptiles à corps écailleux ou reptiles ordinaires.

L'étude comparative du mode de développement des batraciens et des autres reptiles a conduit récemment les naturalistes à rapprocher davantage les premiers de ces

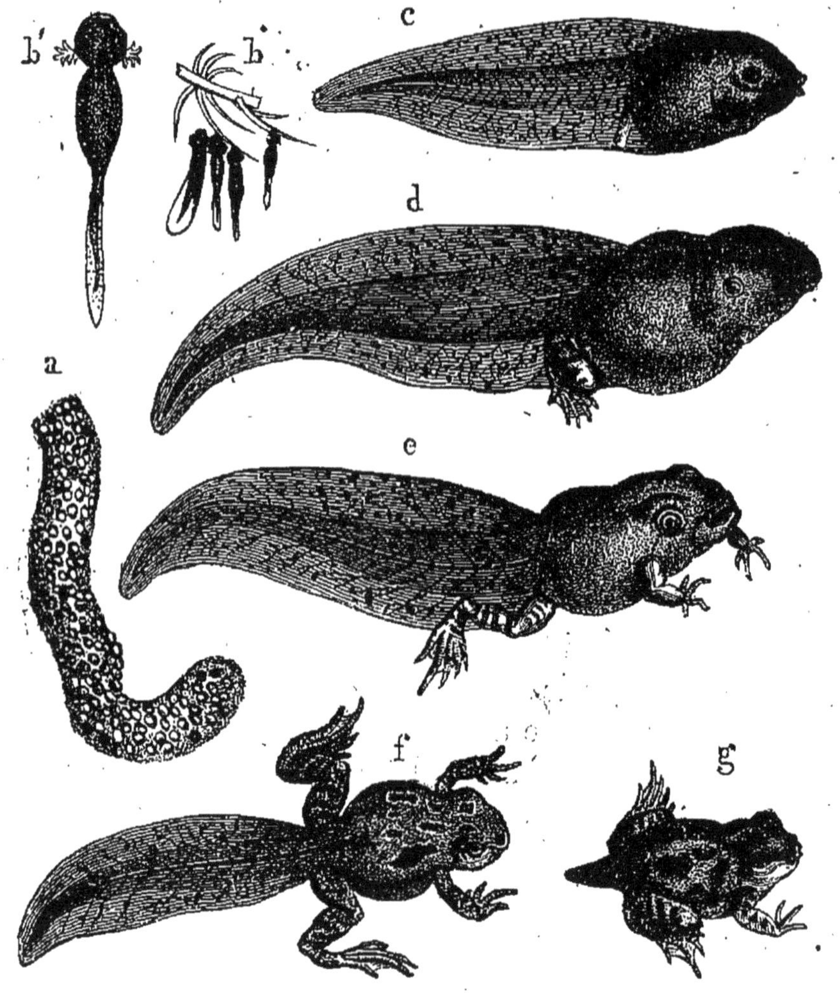

FIG. 52. — Métamorphoses du *Crapaud*.

a) les œufs réunis en un long cordon ; — *b*) têtards au moment de l'éclosion; — *b'*) l'un d'eux grossi pour faire voir ses branchies extérieures ; — *c*) le même ayant perdu ses branchies extérieures, mais ne possédant pas encore de pattes ; — *d*) pourvu de pattes postérieures ; — *e*) pourvu de pattes postérieur res et de pattes antérieures ; — *f*) le corps commence à perdre la forme qu'il avait dans l'état de têtard et prend son aspect définitif ; — *g*) la queue a presque entièrement disparu.

animaux des poissons, et nous verrons en traitant de la classification[1] que si l'on partage l'embranchement des ver-

1. *Zoologie*, 2e année, p. 89.

tébrés en deux sous-embranchements, c'est avec les poissons que les batraciens doivent prendre place, tandis que les reptiles ordinaires sont au contraire des animaux de la même série que les oiseaux et les mammifères.

Nous n'avons en France qu'un petit nombre de batraciens. Tous subissent des métamorphoses et perdent leurs branchies pour acquérir des poumons en devenant adultes. Il en est, parmi eux, dont la queue disparaît également avec l'âge et qui par suite deviennent encore plus différents de ce qu'ils étaient au moment de leur naissance. Ce sont les batraciens anoures, c'est-à-dire privés de queue. Cet appendice n'existe chez eux que dans le premier âge, alors qu'ils ont la forme de têtards.

FIG. 53. — *Salamandre tachetée.*

La grenouille verte (*Rana esculenta*), la grenouille rousse (*R. temporaria*), le pélodyte ponctué (*Pelodytes punctatus*), l'alyte accoucheur (*Alytes obstetricans*), le pélobate cultripède (*Pelobates cultripes*), le pélobate brun (*P. fuscus*), le bombinator à ventre rouge (*Bombinator igneus*), le crapaud commun (*Bufo vulgaris*) et le crapaud vert (*Bufo viridis*), sont avec la Rainette (*Hyla viridis*) vulgairement appelée Granet, les différentes espèces de batraciens anoures propres à la France.

Nos autres espèces de la même classe sont des urodèles, c'est-à-dire qu'elles ont la queue persistante. Une d'elles devient terrestre en perdant ses branchies ; c'est la salamandre proprement dite, ou salamandre tachetée (*Salamandra maculosa*), qui a alors la queue arrondie ; les autres se tiennent presque toujours à l'eau et leur queue reste comprimée, à tous les âges.

FIG. 54. — *Tritons* ou *Salamandres aquatiques*.

On donne à ces dernières la dénomination générique de tritons : triton marbré (*Triton marmoratus*), triton à crête (*T. cristatus*), triton ponctué (*T. punctatus*), triton palmipède (*T. palmipes*), etc.

Il existe dans les Alpes une espèce de batraciens appelée la salamandre noire (*Salamandra atra*) qui tout en se rapprochant de celles du centre de la France dont nous avons parlé plus haut, et celle de l'île de Corse, présente quelques particularités assez remarquables dans son mode

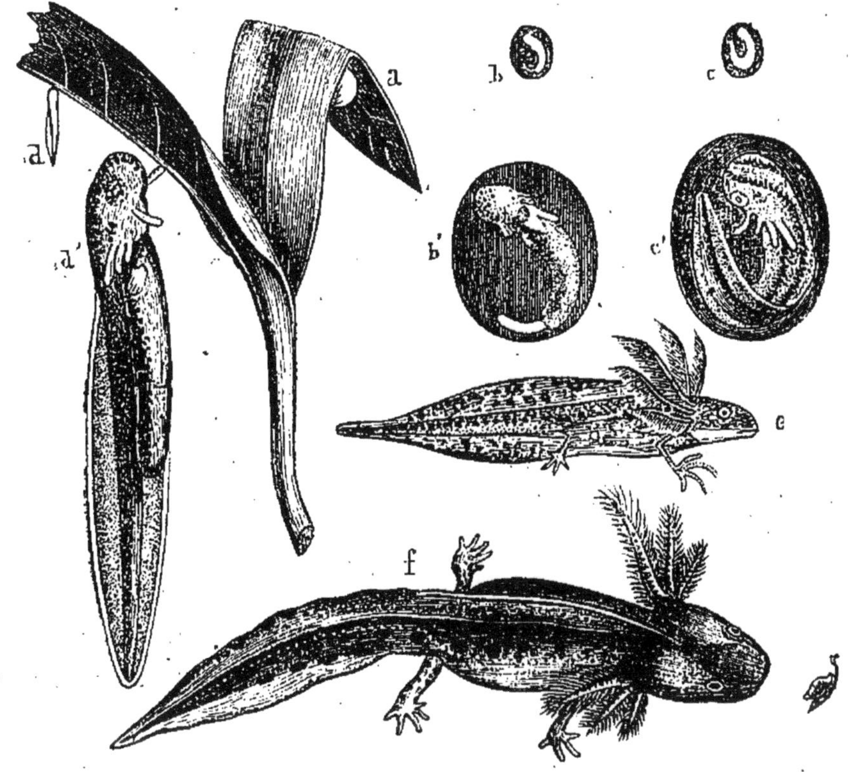

FIG. 55. — Développement du *Triton*.

a) l'œuf; — *b*, *c*) développement de l'œuf; — *b'*, *c'*) les mêmes figures grossies; — *d*) larve au moment de l'éclosion; — *d*) la même, grossie; — *e*) plus âgée et pourvue de pattes; — *f*) encore plus avancée, mais n'ayant pas perdu ses branchies.

de parturition. Elle fait également des petits vivants, mais elle n'en a que deux chaque fois et ils ont déjà perdu leurs branchies. Au contraire les tritons sont tous ovipares (fig. 55.)

CHAPITRE VII.

DES CÉTACÉS ET DE QUELQUES AUTRES ANIMAUX AQUATIQUES QUE L'ON CONFOND SOUVENT AVEC LES POISSONS.

Les poissons tels que la zoologie les définit sont des animaux vertébrés aquatiques pourvus de nageoires, les unes paires, les autres impaires, les premières répondant aux membres des animaux terrestres propres au même embranchement, et dont la respiration, qui s'opère par des branchies, utilise à son profit l'oxygène de l'air dissous dans l'eau. Ils n'ont que deux cavités au cœur, une oreillette et un ventricule, et leur peau est habituellement garnie de véritables écailles.

Ces vertébrés sont donc faciles à reconnaître et c'est bien à tort que l'on confond souvent avec eux dans le langage vulgaire, non-seulement les cétacés, qui sont des mammifères aquatiques, mais encore certains animaux sans vertèbres tels que l'écrevisse et d'autres crustacés, l'huître ainsi que beaucoup de mollusques vivant dans l'eau, enfin un grand nombre d'êtres encore différents de ceux-là et dont la plupart sont des zoophytes. Un examen même superficiel permettrait d'éviter de semblables confusions. Nous nous bornerons en ce moment à faire ressortir les caractères distinctifs qui séparent les cétacés des poissons.

Les anciens, plus particulièrement les Grecs, qui avaient réuni au sujet des animaux de la Méditerranée des notions très-étendues dont les naturalistes n'ont compris la portée que dans ces derniers temps, savaient déjà que les baleines ont le sang chaud et qu'elles font des petits vivants. Ils connaissaient la baleine rorqual (phalaïna ou mysticetos d'Aristote), le dauphin et quelques autres espèces du même ordre.

Chez tous les animaux de ce groupe on retrouve une forme peu différente en apparence de celle des poissons, mais qui cependant peut empêcher de les confondre avec les poissons véritables. Quoique leur peau manque de poils ou que, pour être plus exact, elle n'en ait que de très-rares et fort difficilement perceptibles, elle a la structure de celle des quadrupèdes vivipares et recouvre une épaisse panne graisseuse comparable à celle du porc; en outre les nageoires des cétacés dont il n'y a qu'une paire, l'antérieure, répondant à nos membres thoraciques, n'ont pas les rayons caractéristiques des pectorales des poissons, et leur nageoire caudale, absolument dépourvue des os ou des rayons qui la soutiennent chez ces derniers, est transversale au lieu d'être verticale comme cela se voit sans aucune exception dans les vertébrés de la classe des poissons.

Ajoutons que les cétacés ont des mamelles sécrétant un véritable lait et que ce caractère seul, si on en avait bien compris la valeur, aurait suffi pour les faire classer avec les mammifères, c'est-à-dire avec les quadrupèdes vivipares puisqu'il ne permet pas de douter que ces animaux ne soient semblables aux autres mammifères par l'ensemble de leur structure anatomique.

L'examen intérieur des mêmes animaux nous offrirait donc d'autres particularités concordantes avec celles-là, et dont il serait également facile de tirer des indications importantes.

Les cétacés, mammifères intelligents, ont le cerveau volumineux et établi d'après le mode général propre aux mammifères. Leurs dents sont radiculées comme celles de ces animaux mais à une seule racine; leurs poumons sont analogues aux leurs, également appropriés à une respiration aérienne et pourvus d'une trachée-artère; leur cœur a quatre cavités; leur circulation est double; leur sang est chargé de globules qui sont circulaires au lieu d'être elliptiques; ils ont un diaphragme; leurs organes reproducteurs et leur mode de génération sont semblables à ceux des animaux à mamelles, et, ce qui ne pouvait manquer d'avoir lieu, la conformation générale des cétacés étant telle que nous venons de la décrire, ils jouissent d'une chaleur propre, résultat de leur activité nutritive, et sont au nombre des animaux qui ont le sang chaud.

Ce n'est donc qu'en tenant exclusivement compte de leur genre de vie que l'on a pu rapprocher les cétacés des poissons tels que nous les avons caractérisés plus haut. Encore aurait-on dû remarquer qu'au lieu de respirer sous l'eau à la manière de ces animaux, ils viennent à la surface prendre l'air qui leur est nécessaire et en remplir leurs poumons.

Etant destinés à vivre exclusivement au sein des mers, et par suite à nager au lieu de marcher, les cétacés ne devaient pas avoir la même forme que les mammifères terrestres dont ils possèdent pourtant les principales particularités d'organisation, et l'on comprend très-bien que la nature ait approprié leur forme générale, ainsi que celle de leurs différentes parties extérieures, aux conditions pour lesquelles elle les destinait. C'est là l'explication de leur analogie extérieure avec les poissons; mais, disons-le encore, cette analogie est plus apparente que réelle. Au lieu d'avoir une valeur vraiment caractéristique, elle réside dans le *facies*, c'est-à-dire dans une fausse ressemblance et n'a rien qui soit susceptible de fournir des caractères véritablement importants tels que ceux auxquels on doit avoir recours si l'on veut déterminer avec précision dans quelle classe chaque espèce animale doit être placée.

Les BALEINES, et les autres cétacés de la même famille qu'elles, sont avec les cachalots les plus volumineux de tous les animaux actuellement existants. Leur caractère principal réside dans les fanons, sortes de lamelles cornées, fournissant la baleine du commerce, qui garnissent leur bouche. Ces lamelles sont surtout développées dans les baleines proprement dites ou baleines franches, dont il y a des espèces dans les régions polaires, soit arctiques soit antarctiques, et comme ces énormes cétacés donnent aussi plus d'huile que les autres, ce sont eux que l'on poursuit de préférence.

FIG. 56. — *Baleine franche.*

La pêche de la baleine s'est autrefois effectuée dans le golfe de Gascogne. Les Basques s'y adonnaient avec succès et poursuivaient sur leur propre littoral une espèce aujourd'hui presque éteinte à laquelle on donne le nom de Baleine de Biscaye. Plus tard, durant le dernier siècle surtout et dans une partie du siècle actuel, nos baleiniers et ceux de la Hollande ont été dans le nord pour y rechercher les baleines franches ou baleines mysticètes, et depuis lors la rareté croissante de cette espèce les a obligés d'abandonner ces parages pour les mers du sud et pour le Pacifique; aussi cette spécialité a-t-elle passé en grande partie aux Américains.

Les baleines vivent par troupes; elles se retirent dans certaines anses où elles trouvent en abondance les petits mollusques et les crustacés presque microscopiques dont elles font leur pâture. Les voyages qu'elles exécutent sont bien moins étendus qu'on ne l'avait cru d'abord, et l'on sait aujourd'hui qu'une même espèce n'existe pas en même temps dans les deux hémisphères.

Les Rorquals, divisés en balénoptères ou baleines à nageoire dorsale et en ptérobaleines ou baleines à bosses, forment deux genres différents de celui des baleines franches, mais qui appartiennent à la même famille. Ils ne sont point recherchés des baleiniers parce que leur poursuite est plus dangereuse. En effet, ces animaux sont plus sveltes que les vraies baleines, et comme d'ailleurs ils ont les fanons plus courts que ces dernières, et qu'ils ne fournissent qu'une faible quantité d'huile on les évite au lieu de les rechercher.

FIG. 57. — Pêche de la *Baleine*.

Quant aux cachalots, ils n'appartiennent pas au même sous-ordre, ce sont des cétacés pourvus de dents et qui manquent de fanons. Cependant ils ne sont pas inutiles. On en tire de l'ivoire, des os presque aussi durs que l'ivoire, de l'huile et du blanc de baleine. Ils vivent en grande partie de céphalopodes, et l'on trouve encore dans l'ambre gris qu'ils rejettent avec leurs excréments les becs chitineux de ces mollusques. Cette substance est recherchée pour la parfumerie ainsi que pour la pharmacie.

Au même sous-ordre que les cachalots appartiennent les hyperoodons, les ziphius, les orques, les glabiceps, les tursios, les dauphins et les marsouins qui sont aussi des animaux marins et possèdent en commun avec eux le caractère d'être pourvus de dents plus ou moins nombreuses et à une seule racine.

CHAPITRE VIII.

QUELQUES REMARQUES SUR LES REPTILES : LÉZARDS, COULEUVRES, VIPÈRES, TORTUES.

Il y a des animaux pourvus de squelette, par conséquent vertébrés, dont le corps est simplement couvert d'écailles, sans poils ni plumes, qui vivent à l'air libre comme les mammifères et les oiseaux. Toutefois leur respiration est moins active que celle de ces derniers ; elle est aussi moins parfaite et leur température est variable avec les circonstances extérieures. Ce sont les reptiles, animaux qui n'ont pas une activité vitale suffisante pour entretenir leur température au même degré d'élévation que les vertèbres des deux premières classes, lorsqu'il fait froid.

Nous en avons en France de plusieurs genres, particulièrement des lézard, seps, orvet, couleuvre et vipère. Dans le midi ainsi que dans le sud-ouest, il existe une espèce de cistude ou tortue d'eau, et l'on trouve sur quelques points de nos départements méditerranéens des sauriens du genre gectro.

Les LÉZARDS (genre *Lacerta*) sont des reptiles pourvus de quatre pattes et d'une longue queue dont les plaques ventrales sont plus larges que les autres. Ils se nourrissent principalement d'insectes ; nous en possédons plusieurs espèces dont une est ovo-vivipare (*Lacerta vivipara*), les autres sont ovipares.

Ce sont le lézard des souches (*L. stirpium*) et le lézard

des murailles (*L. muralis*), le lézard vert (*L. viridis*) un peu plus grand, et le lézard ocellé (*L. ocellata*) qui le dépasse encore.

Une petite espèce de lézards habite exclusivement les dunes du littoral méditerranéen; on lui a donné le nom de *L. hispanica*.

Tous ces animaux ont la langue bifide, les yeux garnis de paupières et le tympan ou membrane vibrante de l'oreille moyenne, visible extérieurement.

FIG. 58. — *Lézard.*

Leur système de circulation et leurs poumons comparés à ceux des mammifères et des oiseaux montrent une moindre complication que chez ces animaux, ce qui est en rapport avec le peu d'élévation de leur chaleur propre.

On retrouve en général les mêmes caractères d'organisation chez les COULEUVRES (genre *Coluber*), mais certaines particularités extérieures permettent de les distinguer aisément; ainsi leurs yeux n'ont plus de paupières, leurs tympans sont cachés par la peau et elles ne possèdent pas de membres.

Non-seulement les couleuvres manquent de ces appendices, mais on ne retrouve plus dans leur squelette ni épaule véritable ni bassin, comme il y en a encore chez le orvets ou serpents de verre (genre *Anguis*) qui sont des sauriens, de même que les lézards, mais des sauriens sans pieds et dont la forme est déjà très-analogue à celle des serpents. Chez les seps du midi (genre *Seps*) les pieds quoique rudimentaires sont néanmoins apparents et terminés par trois doigts très-petits.

Les couleuvres vivent de proie. Ce sont des grenouilles et autres batraciens, des lézards, parfois des oiseaux ou de petits mammifères qui forment la base de leur alimentation.

Quelques serpents avalent même des animaux beaucoup plus gros, sans avoir cependant des dimensions supérieures à celles de nos couleuvres. Avant d'engloutir leurs victimes ils ont bien soin de leur briser les os en les serrant au milieu des replis de leur corps.

Fig. 59. — Têtes de *Vipère* et de *Couleuvre*.

C'est un caractère des ophidiens, c'est-à-dire les serpents véritables, d'avoir la possibilité d'introduire dans leur tube digestif des animaux plus gros qu'eux, ce qui tient à la dilatabilité de leurs mâchoires et à leur manque de sternum. Ils peuvent dès lors ouvrir considérablement leur bouche et comme rien ne s'oppose à la distension de leur pharynx ainsi qu'à celle de leur œsophage, ils prennent lorsqu'ils ont ainsi dégluti quelque proie, un diamètre bien supérieur à celui qu'on leur connaît dans les conditions ordinaires.

Nous avons en France plusieurs espèces de couleuvres, dont les plus communes sont la couleuvre à collier (*Coluber natrix*) et la vipérine (*C. viperinus*), l'une et l'autre du genre tropidonote.

Le centre et le midi possèdent plusieurs autres espèces de ces animaux : couleuvre lisse, couleuvre verte et jaune, couleuvre d'Esculape, couleuvre hermanienne et couleuvre de Montpellier.

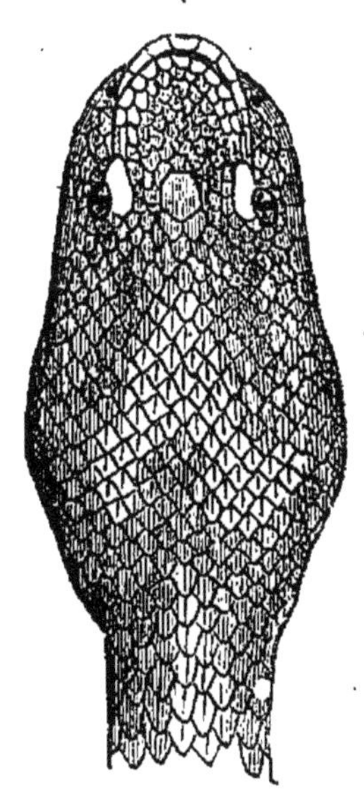

FIG. 60. — Têtes de *Vipère* et de *Couleuvre*.

Les VIPÈRES (genre *Vipera*) sont ainsi que les couleuvres des reptiles de l'ordre des batraciens et comme elles elles sont privées de pattes et ont les mâchoires dilatables. A part quelques caractères extérieurs tels que la forme elliptique des pupilles, la grandeur moindre des plaques qui recouvrent la tête et la faible longueur de la queue, elles se distinguent encore par la brièveté de leurs maxillaires supérieurs et par la disposition canaliculée des dents dont ces os sont garnis. En outre elles possèdent sur les côtés de la tête des glandes sécrétant du venin, et c'est par le canalicule de leurs dents maxillaires que ce venin amassé dans une poche contractile au gré de l'animal est rejeté au dehors. En piquant sa victime, la vipère lui inocule une certaine quantité de ce venin.

L'action du poison ne tarde pas à se manifester. La partie lésée se tuméfie, le sang tend à entrer en décomposition et après un état plus ou moins prolongé d'engourdissement, l'animal piqué meurt et reste à la disposition du serpent qui s'il y a lieu en fera sa nourriture ou celle de ses petits. Un principe particulier donne au venin les propriétés particulières dont il jouit.

C'est l'échidnine ou vipérine que l'on a pu isoler et dont on a fait l'analyse chimique. Prise séparément, l'échidnine a des propriétés bien plus actives que lorsqu'elle est mêlée à la salive qui lui sert de véhicule.

Comme elle existe en quantités plus ou moins grandes dans le venin de reptiles appartenant à la famille des vipères, tels que les vipères minutes d'Afrique et de l'Inde, les cérastes des mêmes pays, les trigonocéphales, les bothrops ou fers de lance et les crotales ou serpents à sonnettes, on comprend la différence qu'il y a entre les suites de la piqûre faite par ces différents ophidiens. Les crotales, dont les espèces sont exclusivement américaines, sont plus venimeux que les autres et à part le cas de soins actifs et immédiats, les blessures qu'ils font à l'homme sont constamment mortelles.

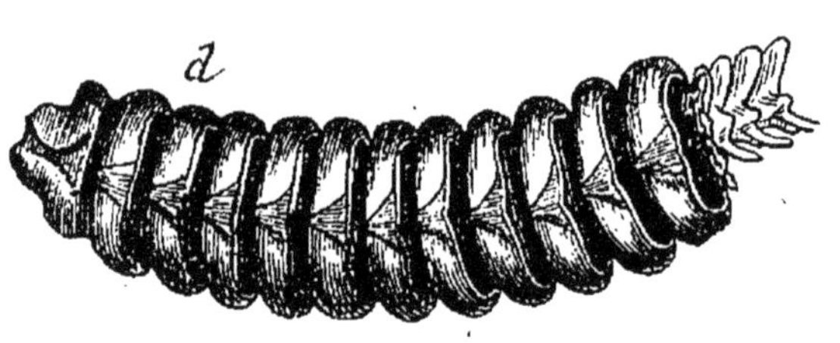

FIG. 61. — Sonnette du *Crotale*.

Ce n'est que par exception que la piqûre des vipères d'Europe donnent lieu à des résultats aussi épouvantables. Elle agit moins rapidement et les accidents qui en sont la suite peuvent dans certains cas disparaître sans traitement. Il est toutefois prudent de ne pas s'abandonner à une confiance exagérée, et la succion, des lotions ammoniacales, parfois l'ouverture de la plaie et sa cautérisation sont des précautions qu'on ne doit pas négliger. Des boissons sudorifiques aident aussi à la guérison.

Un homme robuste est toujours moins éprouvé qu'une

femme ou un enfant par la piqûre de la vipère, et s'il s'agit d'animaux, l'intensité des accidents est également proportionnée à la taille du sujet blessé ou à la quantité de venin qui lui a été inoculée

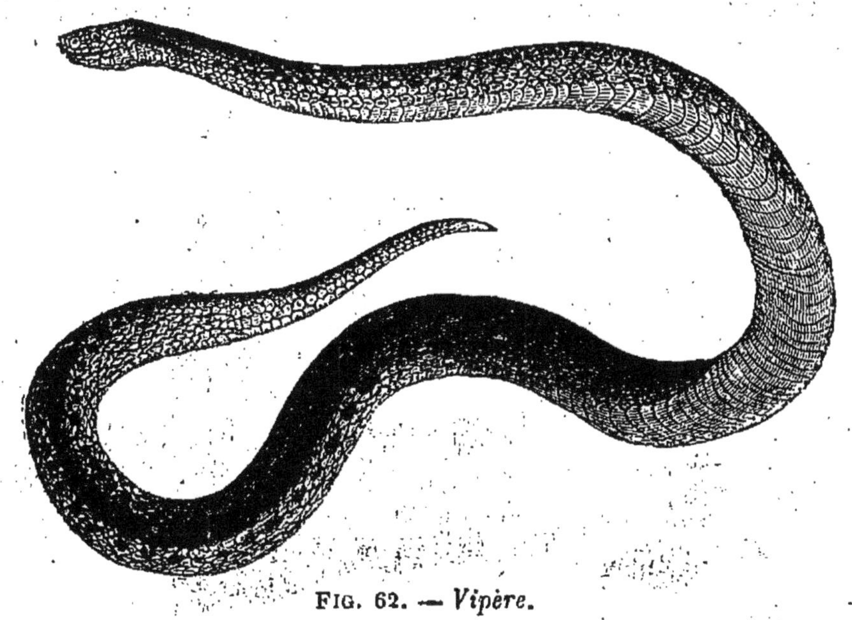

FIG. 62. — *Vipère.*

On sait que la sécrétion toxique des serpents dont nous parlons n'agit pas sur le canal intestinal, ce qui tient à ce que son absorption par la muqueuse digestive n'a pas lieu. Cela explique pourquoi le premier soin à donner aux personnes piquées est de sucer ou de leur faire sucer l'endroit lésé pour en extraire le venin. Il y a toutefois cette condition à observer que la muqueuse buccale doit être saine et sans aphthes ou excoriations; autrement le venin passerait par endos-

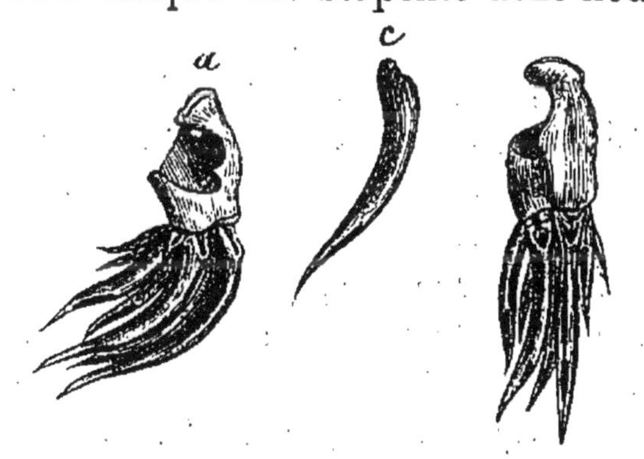

FIG. 63. — Dents cannelées du *Crotale*, implantées sur l'os maxillaire.

mose dans le sang et il donnerait lieu aux mêmes accidents que lorsqu'il est introduit sous la peau par les crochets dentaires du reptile.

Les TORTUES (genres *Testudo*, *Emys*, *Trionyx*, *Chelone*, etc.), dont nous ne devons pas séparer l'histoire de celle des autres reptiles, joignent aux caractères fondamentaux de ce groupe un tout autre mode de conformation extérieure.

FIG. 64. — *Tortue grecque.*

Leur corps est raccourci et pourvu de quatre pattes; elles ont une queue moyennement longue et leurs mâchoires présentent au lieu de dents, un bec corné rappelant celui des oiseaux; mais, ce qui les distingue particulièrement, c'est leur carapace qui, dans les espèces de ces genres, forme une sorte de boite servant de moyen de protection à l'animal et dans lequel il peut enfermer plus ou moins complétement ses pattes, sa tête et sa queue.

Le squelette proprement dit contribue à fournir la carapace, mais lui seul ne suffit pas à ce résultat : la peau s'ossifie dans une partie du corps, principalement sur le dos de l'animal et sous son ventre. Le supplément de parties dures qu'elle ajoute au squelette du tronc, c'est-à-dire à la colonne vertébrale, au sternum et aux côtes, complète la boîte osseuse servant d'enveloppe à l'animal. Lorsque celui-ci reste immobile et veut se soustraire à ses ennemis, il y rentre les parties non cuirassées dont nous avons parlé tout à l'heure.

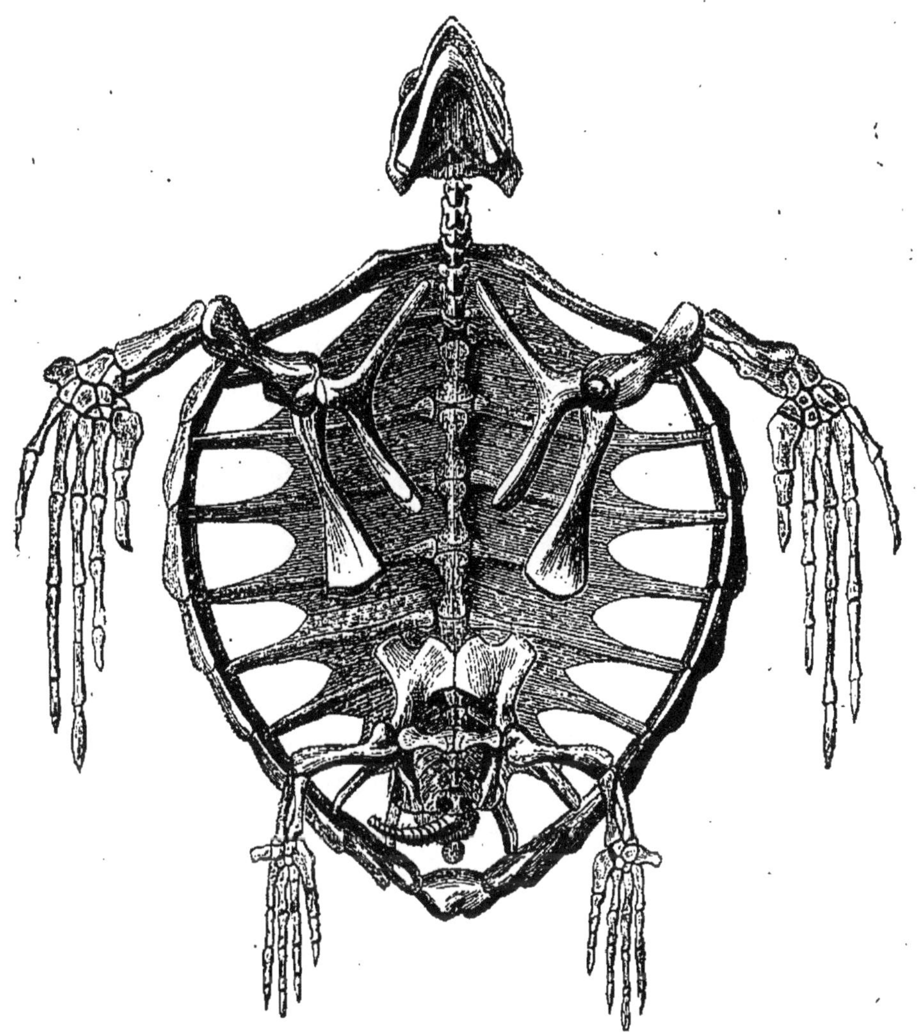

FIG. 65. — Squelette de *Chélonée* ou Tortue de mer.

Les tortues sont le type d'un ordre à part de reptiles qui comprend encore d'autres genres, et cet ordre a reçu le nom de chéloniens, tiré du mot grec *chéloné* signifiant tortue.

Certaines espèces de cet ordre au lieu d'être terrestres

comme la tortue grecque et les autres chéloniens du même genre, sont aquatiques, et l'on doit distinguer parmi elles les chéloniens de marais tels que les émydes, les cistudes, les chélydes, les émysaures, etc.; les tortues de fleuves aussi nommées trionyx et les tortues de mer au nombre desquelles nous citerons les chélonées et les sphargis.

Ces dernières sont plus grosses que les autres, ce sont aussi celles dont la carapace offre le moins de résistance; moins exposées que les tortues terrestres, elles n'ont pas reçu de la nature les moyens de protection aussi parfaits que ceux qui ont été accordés à ces dernières et elles ne se retirent qu'incomplétement dans leur maison osseuse.

FIG. 66. — *Cistude.*

Nous n'avons en France que des chéloniens d'une seule espèce. Ce sont des émydes ou tortues palustres du genre *Cistudo* (*Cistudo europæa*). Il y en a dans quelques localités du midi et du centre, particulièrement dans les marais de la Sologne. Cette espèce était autrefois plus répandue et elle s'étendait davantage vers le nord. On en retrouve des débris fossiles en Prusse et même en Suède.

CHAPITRE IX.

DES INSECTES ET EN PARTICULIER DU HANNETON.

Les insectes forment la classe la plus nombreuse de tout le règne animal. La diversité de leurs caractères anatomiques aussi bien que celle de leurs formes leur permettent de vivre dans les conditions les plus opposées; les changements qu'ils éprouvent avec l'âge contribuent encore à rendre leurs aptitudes plus nombreuses. En effet, telle espèce, comme le papillon qui commence par être une che-

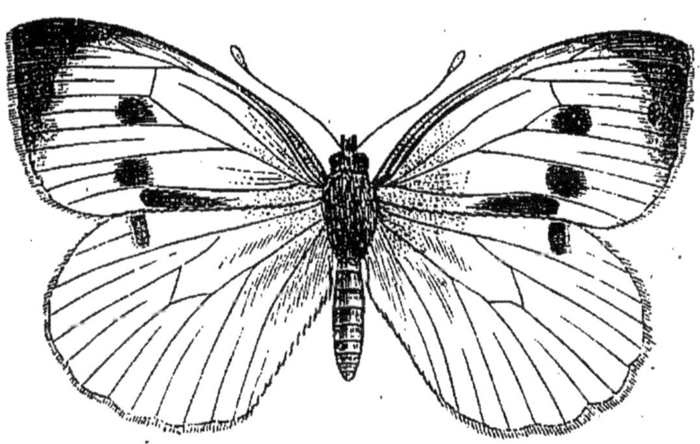

Fig. 67. — *Papillon du chou.*

nille, en apparence fort semblable à un ver, deviendra en se métamorphosant capable de s'élever dans les airs et de voltiger avec légèreté de fleur en fleur pour choisir la nourriture qui lui convient le mieux ou aller déposer ses œufs dans des conditions capables d'assurer aux jeunes qui en sortiront une facile alimentation. Il est vrai que tout dans la structure de l'insecte a été sagement mis en rapport avec les circonstances au milieu desquelles devront se passer les différentes phases de son existence, et pour être moins parfait que l'animal vertébré, il n'est ni moins habilement organisé ni moins admirable dans les détails de sa conformation.

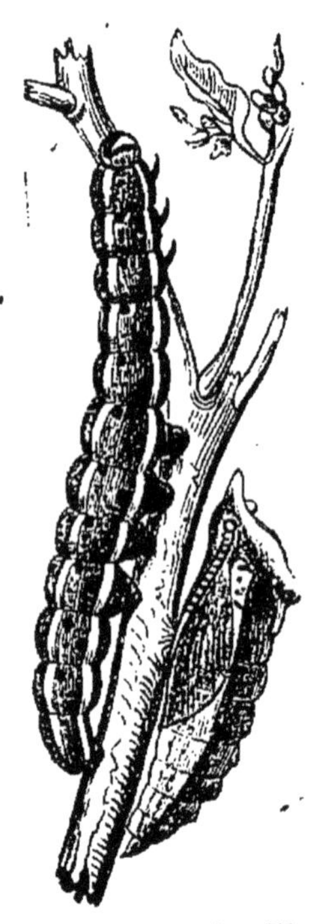

FIG. 68. — Chenille et chrysalide du *Papillon du chou.*

Les mammifères, les oiseaux, les reptiles, les batraciens et les poissons dont nous avons déjà étudié quelques espèces remarquables, ont été réunis en ce groupe unique appelé l'embranchement des vertébrés parce qu'ils sont tous pourvus d'un squelette intérieur dont les principales pièces sont formées par les vertèbres. Ce caractère manque aux insectes et à tout le reste des animaux; aussi les différentes classes dont nous aurions à parler maintenant, si nous faisions un exposé de la classification zoologique, ont-elles été souvent comprises sous une dénomination commune, celle d'animaux sans vertèbres; mais les particularités qui les distinguent les unes des autres ont ordinairement plus de valeur que celles qui ont servi à caractériser les cinq classes des vertébrés, et l'on démontre aisément que les animaux sans vertèbres ne constituent pas un seul et unique embranchement.

Cuvier et de Blainville les partageaient en trois groupes de cette valeur : les articulés ou annelés, dont les insectes font partie; les mollusques, parmi lesquels nous décrirons plus loin la seiche, le limaçon, l'huître, enfin les rayonnés ou radiaires dont font partie les oursins, les astéries ou étoiles de mer, les actinies qui servent d'ornement à nos aquariums, l'hydre ou polype des eaux douces ainsi que le corail, que tant de personnes considèrent comme une simple pierre.

On en a distingué plus récemment les protozoaires dont le nom rappelle la simplicité de structure et qui sont en effet les moins parfaits des animaux. Les infusoires ou animalcules microscopiques en font partie ; les éponges leur appartiennent aussi par plusieurs de leurs caractères essentiels.

Du Hanneton. — Mais revenons aux insectes et prenons pour type de cette classe un de ses représentants les plus généralement connus et dont nous avons le plus à nous plaindre, le hanneton.

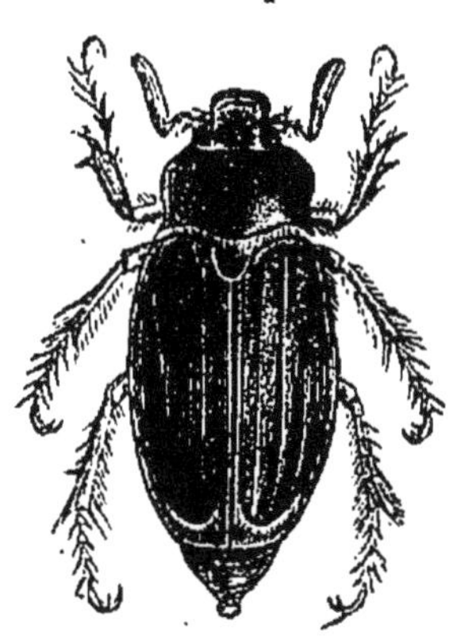

Fig. 69. — *Hanneton.*

Il a, comme c'est le caractère essentiel des animaux articulés, le corps formé d'une suite d'anneaux résistants, en partie mobiles les uns sur les autres, et suppléant à l'absence du squelette intérieur propre aux vertébrés ; mais ces articles sont superficiels et ils résultent de l'endurcissement de la peau au moyen d'une substance organique particulière appelée chitine. Ici donc plus d'os solidifiés à l'aide du

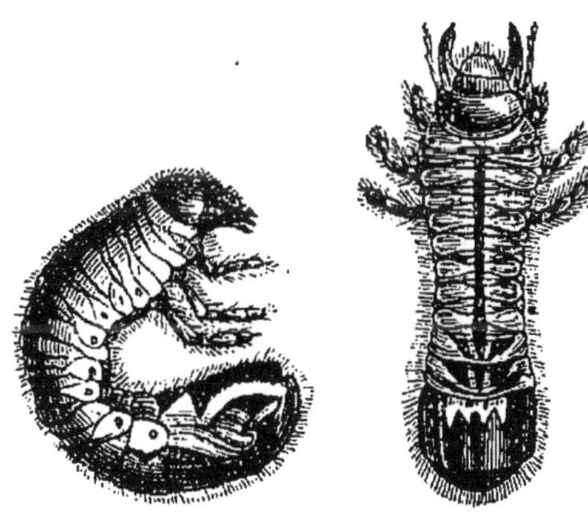

Fig. 70. — Larves du *Hanneton.*

Fig. 71. — Nymphes du *Hanneton.*

phosphate de chaux comme on en voit au squelette intérieur des vertébrés.

La conformation générale du corps du hanneton n'est pas moins particulière. On lui distingue trois parties principales : la tête, le thorax et l'abdomen, formées chacune de plusieurs articles, et il possède en outre des pattes, au nombre de six, ainsi que deux paires d'ailes.

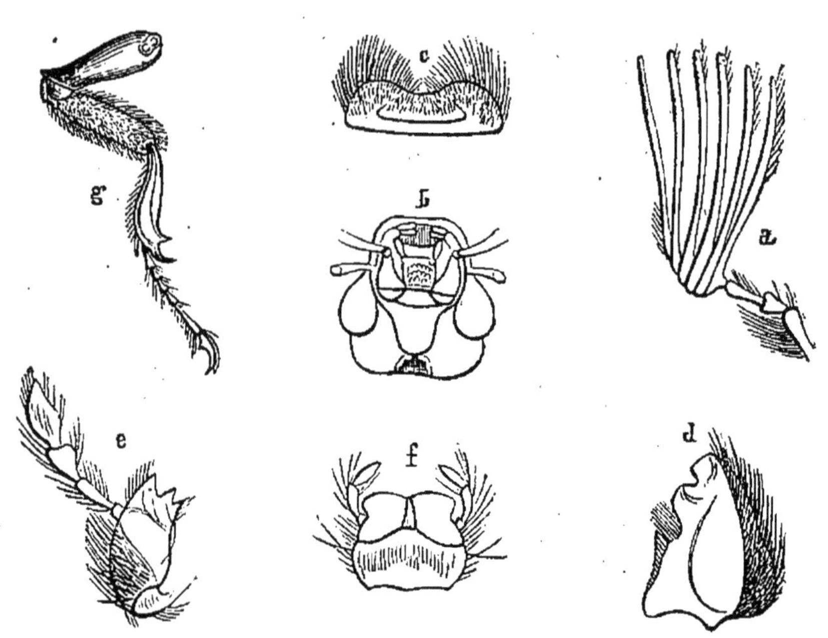

FIG. 72. — Antenne, appendices buccaux et patte du *Hanneton*.

a) antenne ; — *b*) la bouche avec ses différents appendices ; — *c*) le labre ou lèvre supérieure ; — *d*) mandibule ; — *e*) mâchoire ; — *f*) lèvre inférieure ; — *g*) une des pattes.

Les anneaux de la *tête* sont soudés entre eux, et c'est à leur ensemble que sont attachées diverses parties accessoires :

1° Les antennes, organes d'olfaction, au nombre de deux et qui ont l'apparence de cornes multi-articulées (fig. 72, *a*);

2° Les pièces de la bouche (fig. 72 *b* à *f*), savoir : le labre ou lèvre supérieure, les deux mandibules formant la première paire de mâchoires, les deux mâchoires proprement dites ou mâchoires inférieures et la lèvre inférieure.

Les mâchoires inférieures, ou mâchoires proprement dites des entomologistes portent chacune un ou deux palpes, et la lèvre inférieure est accompagnée de palpes, ordinairement insérés sur celles de ses deux pièces à laquelle on donne le nom de galettes. Chez le hanneton, toutes ces parties sont distinctes les unes des autres et la bouche est disposée pour broyer les aliments.

3° La tête porte aussi les yeux. Ils sont en deux groupes résultant chacun de la réunion d'un nombre considérable de petits yeux agrégés dont les cornées, vues à la loupe, apparaissent comme autant de facettes : aussi les a-t-on appelés yeux composés ou yeux à facettes.

La seconde division principale du corps est le *thorax*, résultant du rapprochement de trois articles dont chacun possède une paire de pattes. Ces trois articles ont été appelés, le premier prothorax, corselet ou collier, le second mésothorax et le troisième métathorax ou arrière-thorax.

Les *pattes* qui s'y rattachent sont formées de plusieurs articles mobiles les uns sur les autres et que l'on a nommés, en les assimilant d'une manière plus approximative que réelle avec les différentes parties des membres : la hanche, le trochanter, la cuisse, la jambe et le tarse. Chez le hanneton, ce dernier est formé de cinq articles à toutes les pattes (fig. 72, *g*).

Indépendamment de ces organes de progression qui sont attachés aux arceaux inférieurs des pièces constituant le corselet, celui-ci porte aussi les *ailes*. Le hanneton est du nombre des insectes qui en ont deux paires : celles de la première paire insérées sur le mésothorax ; celles de la seconde insérées sur le métathorax (fig. 73, C).

Dans cette espèce comme dans tous les autres insectes du même ordre, c'est-à-dire dans les coléoptères, les ailes du mésothorax sont résistantes et aussi chitineuses que le corselet lui-même. Étant rabattues, elles forment une sorte de carapace au-dessous de la partie molle de l'abdomen. Ce sont des élytres ou ailes en étuis ou fourreaux, ce qu'exprime d'ailleurs le nom de coléoptères. Les autres, celles du métathorax, sont membraneuses, soutenues par une sorte de charpente à mailles larges et repliées au-dessous des élytres ou ailes de la première paire.

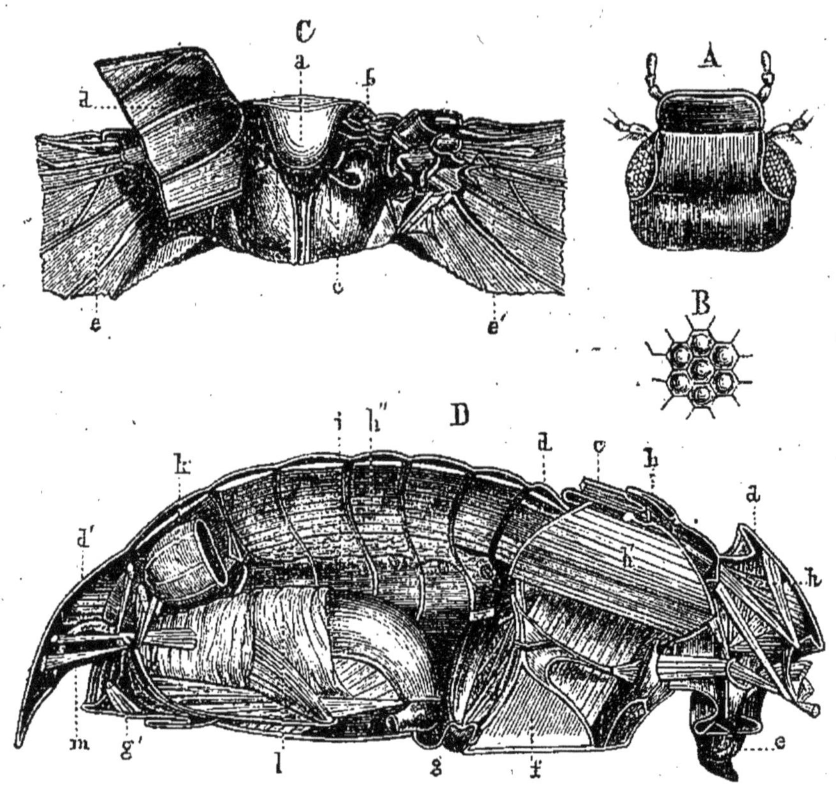

Fig. 73. — Téguments, ailes et muscles du *Hanneton*.

A = la tête vue en dessus.
B = Quelques facettes des yeux composés; très-grossies.
C = le thorax et les ailes. — *a*) écusson; — *b*) insertion des élytres; — *c*) le dos? — *d*) une des élytres, coupée; — *ee*) les ailes inférieures.
D — intérieur du thorax et de l'abdomen. — *a*) prothorax; — *b*) mésothorax; — *c*) métathorax; — *d d'*) les différents anneaux de l'abdomen; — *e*) insertion de la première paire de pattes; — *f*) partie inférieure du metathorax? — *g g'*) le dessous de l'abdomen; — *h h' h''*) muscles du thorax et de l'abdomen; — *i*) un des stigmates abdominaux; — *k*) rectum ou partie terminale de l'intestin; — *l*) une portion des organes reproducteurs; — *m*) l'emplacement de l'anus.

En arrière du thorax vient l'*abdomen*, formant la troisième et dernière partie du corps. Il ne présente aucun appendice proprement dit, mais on voit à la surface supérieure des anneaux qui le constituent les *stigmates*, c'est-à-dire les boutonnières qui servent d'orifices aux trachées qui sont les organes de la respiration. Dans le dernier

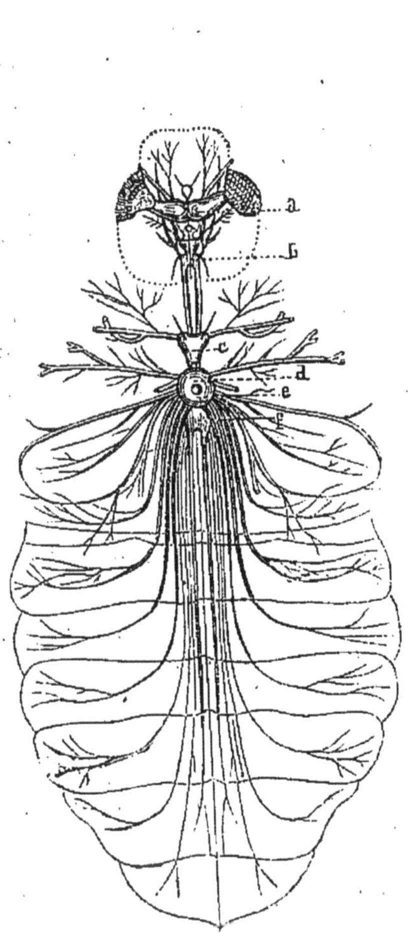

FIG. 74. — Système nerveux du *Hanneton.*

a) cerveau et yeux ; — *b*) partie sous-œsophagienne du cerveau ; — *c*) premier ganglion thoracique ; — *d*) les deux autres ganglions thoraciques réunis en une masse unique ; — *e*) nerfs qui en partent ; — *f*) partie abdominale de la chaine ganglionnaire et nerfs qui en partent.

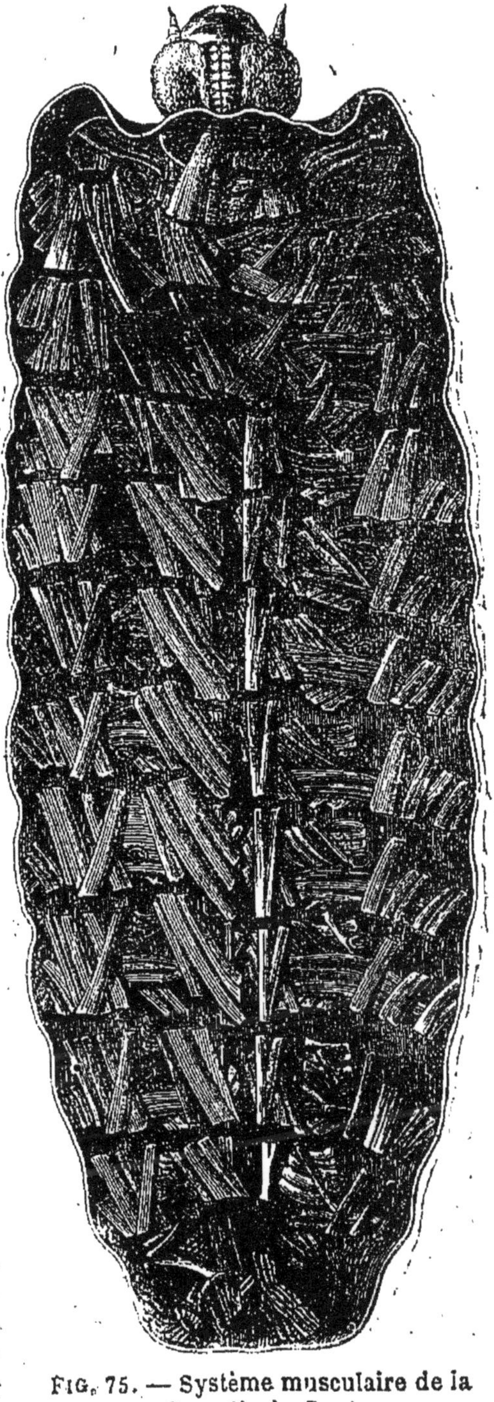

FIG. 75. — Système musculaire de la *Chenille du Saule.*

anneau abdominal sont ouverts l'anus et les organes reproducteurs.

Telle est, d'une manière sommaire, la superficie du corps du hanneton. Son intérieur n'est pas moins curieux à étudier; mais nous ne pouvons en faire qu'un examen rapide. Cette espèce a d'ailleurs été disséquée d'une manière extrêmement détaillée par un naturaliste français, dont le nom est resté célèbre dans la science, M. Straus-Durcheim. Il a fait de ses études l'objet d'un ouvrage particulier [1], auquel nous emprunterons quelques figures destinées à rendre cette courte description plus facile à comprendre.

Les organes intérieurs sont d'une étude plus difficile. Signalons en premier lieu le système nerveux formé du cerveau et une série de ganglions placés au-dessous du tube digestif, et fournissant les nerfs qui vont aux différentes parties, puis le système musculaire composé d'un nombre très-considérable de petits faisceaux (fig. 73, D).

Le système nerveux et les muscles rentrent dans la catégorie des organes de relation.

Aux organes de nutrition appartiennent les trachées, naissant des stigmates dont nous avons parlé précédemment et se répandant sur tous les viscères. Ces trachées sont renflées en vésicules dans certaines parties de leur trajet. Elles servent à la respiration.

Le canal digestif et les glandes sécrétrices qui s'y rattachent (glandes salivaires et tubes de Malpighi) doivent être également signalés (fig. 77).

Enfin nous mentionnerons le vaisseau dorsal, agent particulier de la circulation, et les organes destinés à la production des œufs ou à leur fécondation, c'est-à-dire les organes femelles et les organes mâles, suivant le sexe des sujets observés.

1. *Considérations générales sur l'anatomie comparée des animaux articulés, auxquelles on a joint l'anatomie descriptive du* Melolontha vulgaris (*hanneton*) *donnée comme exemple de l'organisation des coléoptères*. 1 vol. in-4°, avec pl. Paris, 1828.

Si sommaire que soit cette description, elle n'est applicable qu'à l'état adulte ou état parfait, celui sous lequel le hanneton a pris sa forme définitive et pendant lequel il est à la fois capable de voler et apte à se reproduire.

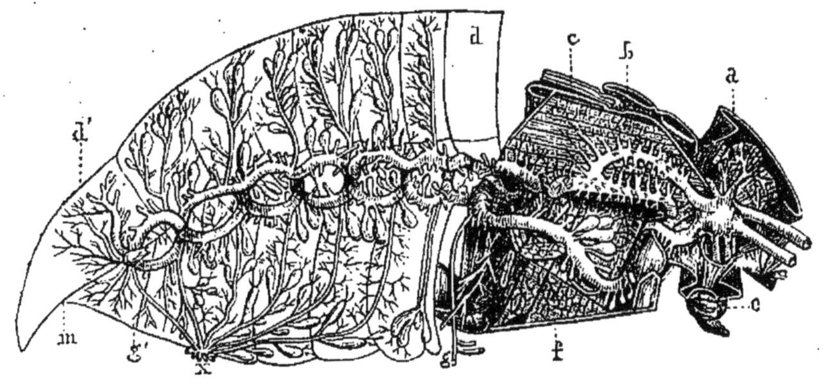

FIG. 76. — Appareil respiratoire du *Hanneton*.

a b c) les trachées du thorax; — *d a'*) l'abdomen, dont la partie supérieure été relevée pour montrer les trachées *g*); — *m*) l'anus.

Avant de s'être ainsi métamorphosé, le hanneton a passé un certain temps dans un état d'immobilité à peu près absolue, développant, durant une sorte d'engourdissement provisoire, les nouveaux organes nécessaires à sa forme définitive.

Notre figure 75 représente, d'après Lyonnet, le système musculaire de la chenille du saule (genre à part).

Cet état transitoire est l'état de nymphe (fig. 71) répondant à la chrysalide des bombyces ou vers à soie. Les pattes, les antennes, les pièces de la bouche, les ailes mêmes y sont reconnaissables, mais comme emprisonnées dans un manteau commun dont l'insecte devra se dépouiller pour que ces différentes parties acquièrent la fermeté nécessaire aux usages auxquels ils sont destinés et pour qu'elles puissent s'étendre, jouer sur elles-mêmes et remplir leurs fonctions respectives.

Avant cette phase d'élaboration, le hanneton avait vécu pendant un temps assez long sous une première forme. Il était une simple *larve* comparable à un ver et répondait à ce que l'on appelle la chenille chez le papillon (fig. 68). Cette forme primitive comporte elle-même un certain nombre de mues. Il les a passées sous terre, fouillant le sol pour aller dévorer les racines de certaines plantes, tandis que plus tard, arrivé à l'état d'insecte ailé, c'est sur les feuilles des végétaux et par conséquent sur leurs parties extérieures qu'il exerce ses ravages (fig. 69).

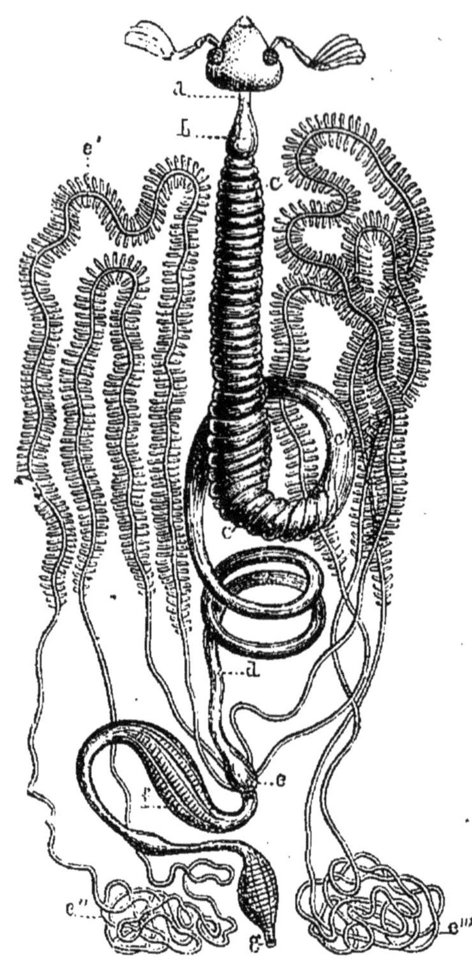

FIG. 77. — Le tube digestif du *Hanneton*.

a) œsophage ; — *b*) jabot ; — *c c'*) estomac ; — *d*) intestin grêle ; — *e*) l'insertion des canaux de Malpighi, organes qui représentent le foie ; — *e'e''*) ces canaux ; — *f*) gros intestin et sa terminaison anale *g*.

En beaucoup d'endroits, et dans certaines années plus que dans d'autres, les hannetons apparaissent en quantités innombrables, dévastant des bois, principalement les parties de ces bois les plus rapprochées des terres cultivées, en les dénudant de leur feuillage.

Ces insectes ne sont pas moins nuisibles sous leur forme de larve, et ils constituent alors les *vers blancs* (fig. 70).

Leurs trois états successifs sont donc l'état de larve, ou ver blanc, celui de nymphe et celui de hanneton ou insecte parfait.

La larve naît directement de l'œuf. Elle vit deux années avant de se transformer en nymphe, et ce n'est qu'aux premiers beaux jours de l'année suivante que celle-ci se change en hanneton.

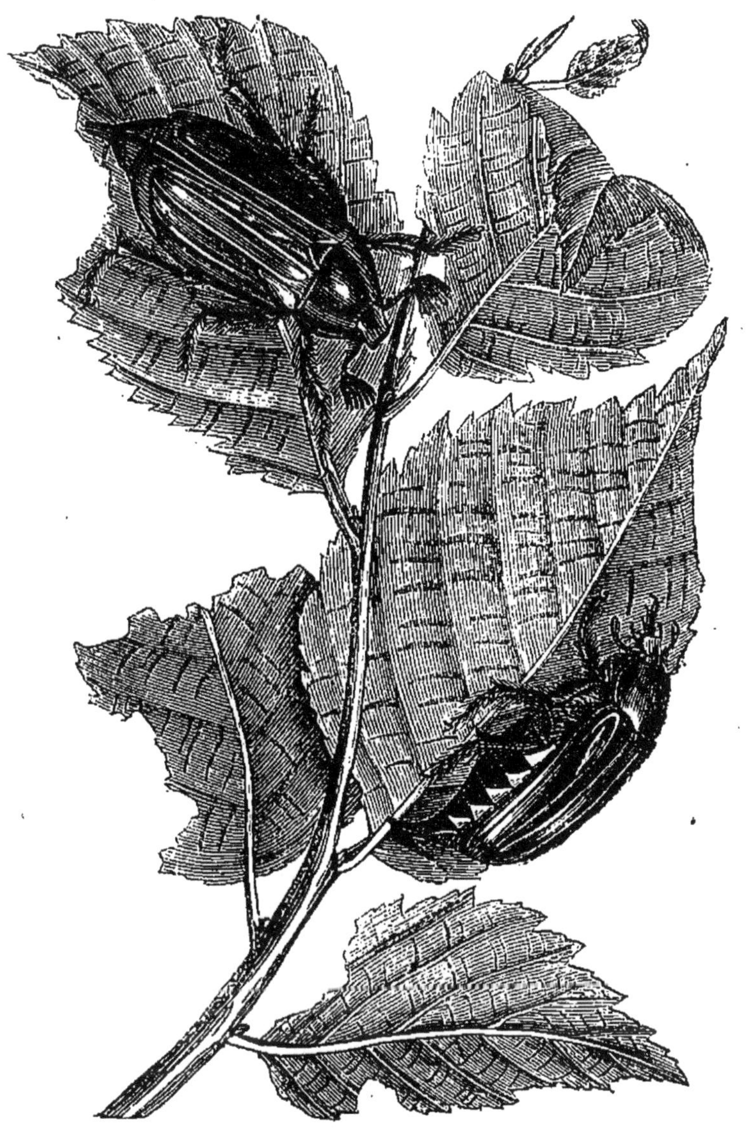

FIG. 78. — *Hanneton vulgaire.*

Cette espèce vit donc trois ans, et, comme certaines conditions sont plus favorables que d'autres à son développement, on comprend que les hannetons soient plus nombreux dans certaines années que dans d'autres et qu'ils soient intermittents. En effet, il faut trois années pour qu'une ponte exceptionnelle donne des produits définitifs, c'est-à-dire des hannetons arrivés à leur état définitif : on voit donc que si les circonstances s'y prêtent, une ponte plus considérable donnera au bout de ce laps de temps une quantité considérable de hannetons arrivés à leur état définitif.

L'agriculture n'est pas restée inactive devant un ennemi aussi dangereux, mais elle n'en a pas triomphé complétement, et dans certains cas le mal que les hannetons occasionnent n'est pas moins grand présentement qu'autrefois ; l'extension des cultures les rend même plus nuisibles. C'est, pour ainsi dire, par nuées que ces insectes sortent du sol à certaines époques. Après l'avoir ravagé pendant leur état de larve et avoir réduit ou anéanti les récoltes, en s'attaquant aux racines des plantes, ils se fixent sur les arbres et leur font alors beaucoup de mal.

Le hannetonnage, c'est-à-dire la destruction des hannetons métamorphosés, peut donner de bons résultats, puisqu'en détruisant ces animaux avant la ponte on en atténue les dégâts pour l'avenir ; mais il faut empêcher aussi la métamorphose des larves et l'on a différents moyens pour détruire ces dernières. Un des meilleurs consiste à retourner profondément le sol à l'aide de la bêche ou de la charrue et à livrer les vers blancs que cette opération a momentanément rejetés à la surface aux corbeaux ou aux pies qui en font une grande consommation. On a utilisé ce procédé en faisant suivre la charrue par des volailles qui s'engraissent en dévorant les larves ainsi mises à nu. Les chiens mangent aussi les hannetons et ils peuvent servir en cette occasion les intérêts de l'agriculture.

CHAPITRE X.

BOMBYCE DU MURIER OU VER A SOIE.

Le BOMBYCE du mûrier (*Bombyx mori*) plus connu sous le nom de ver à soie, est cette espèce de lépidoptère ou papillon appartenant à la grande famille des nocturnes, dont la chenille nous fournit les cocons de soie dans lesquels elle se transforme en chrysalide. Il est originaire de la Chine, où son espèce est domestique depuis un temps immémorial.

Sous Justinien, au sixième siècle, des missionnaires grecs rapportèrent de l'Inde à Constantinople des graines de ce précieux insecte, c'est-à-dire des œufs, et, de là, il en fut transporté plus tard à Naples, vers l'époque des croisades. A la fin du seizième siècle, on commençait à élever des bombyces en France. Sully encouragea cette industrie nouvelle, qui devait bientôt prendre une si grande extension et qui est aujourd'hui une source de richesses pour toute la région méditerranéenne.

Les départements du midi de la France produisent annuellement plus de trente millions de kilogrammes de cocons, ce qui, en portant le prix moyen du kilogramme à 5 francs seulement, donne un revenu total de 150 millions de francs.

La graine des vers à soie était autrefois produite dans le pays ou apportée de divers points de l'Espagne, dont le climat diffère peu de celui des Cévennes; on la tire aujourd'hui en grande partie de l'Italie, de l'Orient et du Japon.

FIG. 79. — *Bombyce du mûrier.*

Pour faire éclore celle que l'on destine à une même éducation et avoir des vers qui monteront simultanément sur les bruyères qu'on leur apprête dans les magnaneries pour filer leur cocon, on a recours à une incubation artificielle qui dure quelques jours.

FIG. 80. — *Bombyce* femelle, en train de pondre.

Les vers une fois éclos, on leur donne immédiatement à manger. Leur unique aliment consiste en feuilles du mûrier, arbre dont on a fait de grandes plantations dans tous les pays séricicoles. L'éducation dure environ trente-quatre jours.

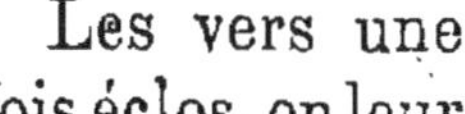

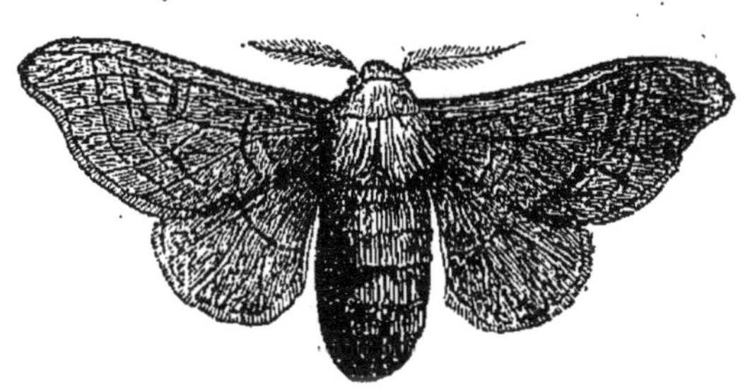

FIG. 81. — *Bombyce mâle.*

Pendant ce temps, les vers subissent plusieurs mues, appelées maladies par les personnes qui se livrent à cette intéressante industrie. Le nombre des mues est ordinairement de quatre (fig. 82-87); mais il y a quelques variétés de vers qui n'en subissent que trois. Elles durent environ une trentaine d'heures chacune. L'animal passe ce temps sans manger. Quelques jours après la dernière mue, il cesse encore de prendre des aliments, mais alors d'une manière définitive, car bientôt il va commencer à filer.

La soie dont il forme son cocon est une substance de composition quaternaire renfermant une petite quantité de soufre et qui a beaucoup d'analogie avec les principes albuminoïdes. Elle se produit dans une paire de longues

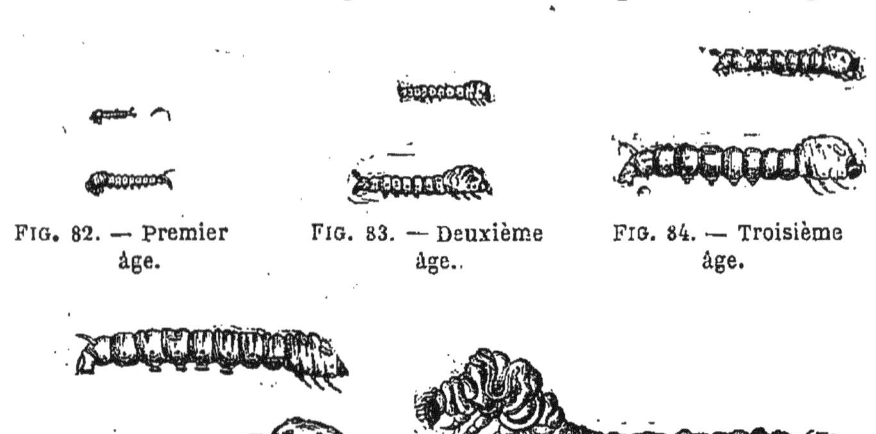

Fig. 82. — Premier âge.

Fig. 83. — Deuxième âge.

Fig. 84. — Troisième âge.

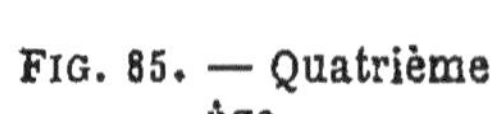

Fig. 85. — Quatrième âge.

Fig. 86. — Position du ver à soie pendant la mue.

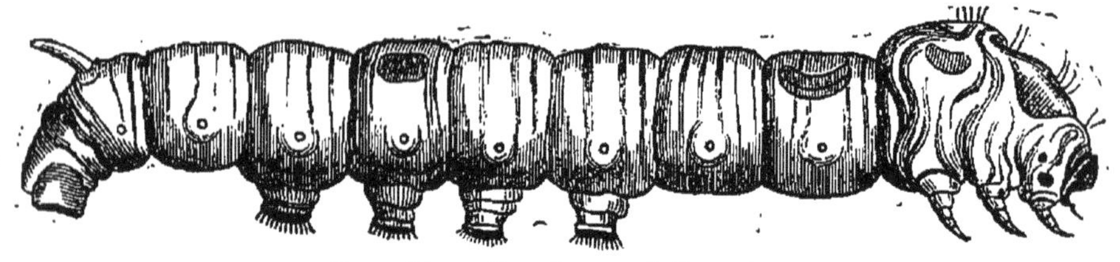

Fig. 87. — Fi du quatrième âge.

Fig. 82 à 87. — Différents âges du *ver à soie.*

glandes tubiformes, plusieurs fois repliées sur elles-mêmes, qui suivent intérieurement la face ventrale du corps du ver (fig. 88).

La soie y est à l'état semi-liquide. Elle est filée à travers un petit appareil percé à son sommet d'un orifice unique et très-fin. Cet appareil est placé auprès de la bouche, dont il semble constituer la lèvre inférieure; on lui donne le nom de filière.

Le ver à soie attache d'abord quelques brins de soie aux corps environnants pour s'assurer des points d'appui. Il trame ensuite son cocon qui est d'un seul fil, et s'en enveloppe comme dans une sorte de prison, au sein de laquelle il passera son état de chrysalide (fig. 79). On a

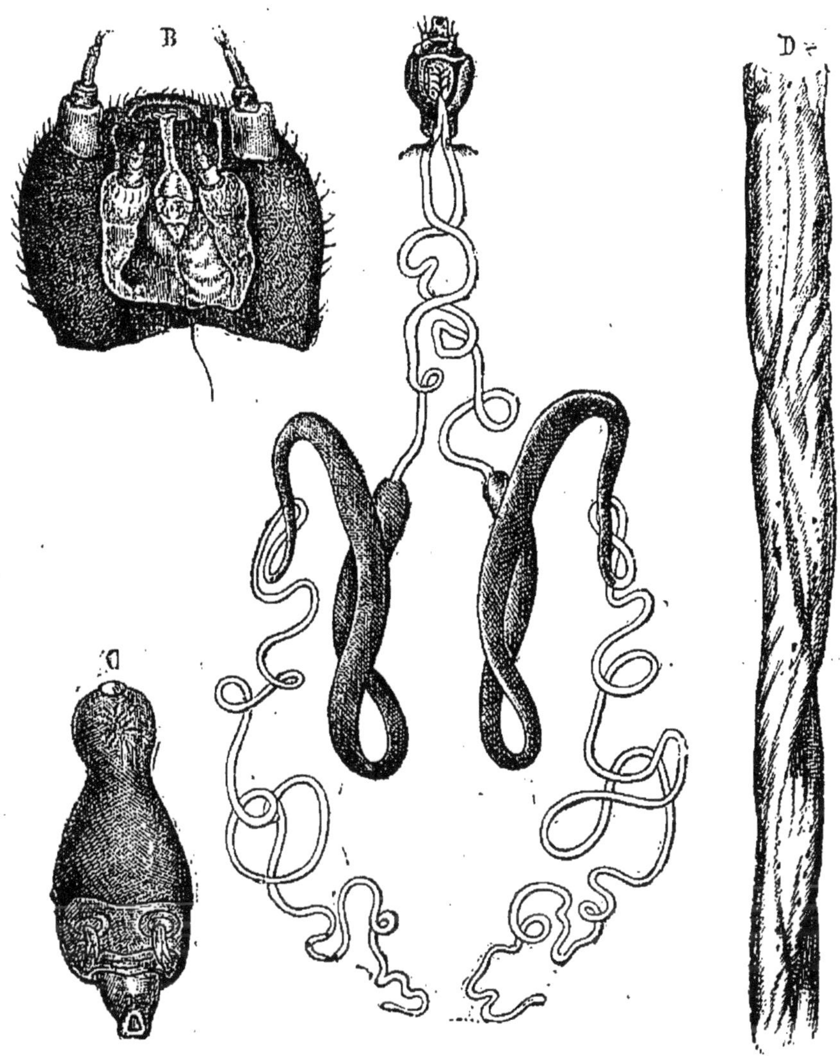

FIG. 88. — Appareil sécréteur de la soie.

A) appareil de la soie ; vu dans ses différentes parties et isolé du reste du corps. On y distingue la filière, en communication avec le tube sécréteur, qui se divise presque immédiatement en deux branches fort longues, en partie contournées et repliées l'une sur l'autre dans leur partie moyenne, ainsi transformée en réservoir. — B) tête du ver; vue en dessous pour montrer la filière et le fil de soie qui en sort. — C) la filière; vue séparément ; son orifice est dirigé inférieurement. — D) soie décreusée; vue au microscope ; les fils en sont irrégulièrement aplatis ; leur épaisseur varie entre 0mm,007 et 0mm,015.

calculé que le fil de chaque cocon n'a pas moins de quatre ou cinq cents mètres de long.

Si l'on veut utiliser les cocons pour leur soie, on y étouffe les chrysalides. On les dévide ensuite plusieurs ensemble, ce qui donne les écheveaux de *soie grége*, destinés à la fabrication des tissus. Les fils de soie sont naturellement recouverts d'une matière gélatineuse dont on doit débarrasser ceux que l'on destine à cet usage, surtout si l'on se propose d'en faire des étoffes souples et qu'on veuille teindre ces étoffes avec soin. La soie encore recouverte de sa matière gélatineuse est la *soie écrue*. L'opération par laquelle on l'en débarrasse est appelée *décreusage*.

Les cocons destinés à la reproduction sont mis à part jusqu'à ce que la chrysalide y soit parvenue à l'état de papillon. L'animal perce alors son enveloppe et se montre au dehors. Sous sa forme ailée il n'a pas besoin de nourriture. Sa fonction est uniquement d'assurer la propagation de l'espèce.

Les vers à soie sont exposés à diverses maladies véritables, différentes de leurs mues, qui rendent singulièrement précaires, depuis quelques années surtout, les bénéfices que l'on se promet en les élevant.

Plusieurs de ces maladies sont aujourd'hui mieux connues dans leur nature, et on a trouvé le moyen de combattre victorieusement quelques-unes d'entre elles, plus particulièrement la *muscardine*. Actuellement c'est la *pébrine* qui exerce ses ravages. Parmi les causes qui ont amené l'état de souffrance dans lequel se trouve l'industrie séricicole, on doit citer le peu de soin apporté par les éleveurs à la production de la graine, et la condition dans laquelle est placée toute graine étrangère, introduite dans nos contrées, de subir les chances d'une acclimatation nouvelle. Le retour à la graine du pays, faite avec des garanties suffisantes et au moyen de mâles pris dans d'autres chambrées que les femelles, afin d'éviter la consanguinité, permettrait sans doute de triompher de cet état de souffrance, ou du moins d'en atténuer beaucoup la gravité.

La maladie des vers pébrinés est due à la présence dans

leurs humeurs et dans tous leurs tissus de corpuscules mobiles de très-petite dimension, qui ont reçu le nom de corpuscules de Cornalia, en l'honneur d'un savant italien qui a beaucoup contribué à les faire connaître. Ce sont sans doute des microphytes, c'est-à-dire de petits végétaux voisins des algues inférieures. On peut les comparer aux psorospermies qui infestent parfois les poissons et l'observation démontre qu'il s'en trouve déjà dans la plupart des œufs desquels naissent les chambrées malades, ce qui oblige à faire de ces œufs un examen attentif pour lequel on peut avoir recours au microscope. La graine ainsi envahie éclôt plus difficilement que celle qui est saine et les vers qui en sortent meurent pour la plupart avant de filer leur cocon.

FIG. 89. — *Attacus yama-maï.*

On a tenté depuis plusieurs années l'acclimatation dans nos contrées de quelques espèces de bombyces différentes de celle du mûrier ; les principales appartiennent au genre *Attacus*.

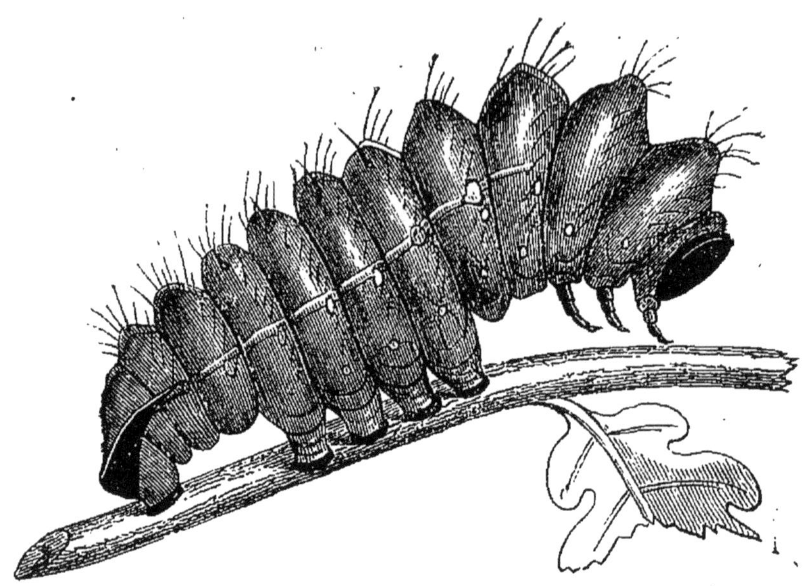

FIG. 90. — Chenille de l'*Attacus yama-mai.*

Ce sont l'*Attacus yama-mai* qui vit sur le chêne ; l'*A. Pernyi*, originaire de Mandchourie ; l'*A. mylitta*, des Indes ; l'*A. cynthia* qui se tient sur l'ailante ou vernis du Japon, et l'*A. du ricin* que l'on nourrit avec la plante dont il porte le nom.

L'espèce de l'ailante est à peu près acclimatée. Dans beaucoup de parcs et de jardins, soit à Paris, soit dans d'autres parties de la France, on en prend annuellement des exemplaires éclos à l'état de liberté. Arrivés à la forme ailée, ils sont beaucoup plus beaux que les papillons du *Bombyx mori*. Leur chenille est aussi très-singulière, mais la soie de leurs cocons est sensiblement inférieure.

Ces bombyces sont pour ainsi dire des espèces auxiliaires, et comme leur soie diffère de celle du bombyce du mûrier par quelques qualités qui permettraient d'en faire un usage différent, elles peuvent devenir fort utiles à l'industrie si elles passent dans la grande culture. On se sert d'ailleurs, dans plusieurs régions de l'Asie, de bombyces différents de ceux de l'espèce ordinaire et, en Europe, il en

FIG. 91. — Œufs, chenilles et cocons de l'*Attacus de l'Ailante.*

a déjà été fait des essais intéressants au sujet de plusieurs des attacus dont il vient d'être question.

CHAPITRE XI.

MŒURS DES FOURMIS. INSTINCT ET INTELLIGENCE DES ANIMAUX.

Des habitudes analogues à celles des abeilles[1] et qui ne sont pas moins dignes de notre attention se retrouvent chez les FOURMIS; mais elles tournent à notre détriment plutôt qu'à notre profit et moins de personnes les ont étudiées.

Ces insectes appartiennent aussi à l'ordre des hyménoptères, dont le caractère principal est d'avoir les ailes membraneuses et veinées, avec les parties de la bouche disposées pour broyer. Une autre particularité leur est commune avec les abeilles, celle de subir des métamorphoses complètes et de passer par conséquent par les trois états de larve, de nymphe ou chrysalide et d'insecte parfait.

Les fourmis ne sont pas mellifères; c'est-à-dire qu'elles ne produisent pas de miel à la manière des abeilles et autres hyménoptères de la même famille que celles-ci, mais elles font des provisions, souvent même à nos dépens, ce qui les rend dans bien des cas fort gênantes, et si l'on vante leur économie on ne l'encourage guère. De même que les abeilles, elles possèdent à la partie postérieure du corps un aiguillon au lieu d'une tarière, ou bien elles lancent une liqueur acide qui leur sert aussi à se défendre.

1. *Zoologie*, 2e année, p. 168.

FIG. 92. — *Fourmilière.*

Les sociétés de ces insectes se composent de plusieurs sortes d'individus : des mâles ainsi que des femelles, qui sont ailés, et des neutres dépourvus d'organes destinés au vol. Ces neutres sont quelquefois de deux sortes, les uns constituant des travailleurs ordinaires; les autres qui sont des espèces de soldats dont la mission est de défendre contre l'agression d'insectes étrangers les sociétés auxquelles ils appartiennent.

On reconnaît d'ailleurs les fourmis à leurs antennes coudées et à leur abdomen dont la partie antérieure est très-rétrécie, ce qui le fait paraître comme pédiculé. Elles se construisent des demeures qui sont tantôt souterraines, tantôt placées à la surface du sol, où elles forment des élévations souvent considérables. C'est là qu'elles amassent, en vue de leur alimentation et de celle des individus reproducteurs ou de la progéniture de ces derniers leurs nombreuses provisions. Certaines d'entre elles creusent les arbres pour s'y établir et les galeries qu'elles y pratiquent ont souvent une extrême complication

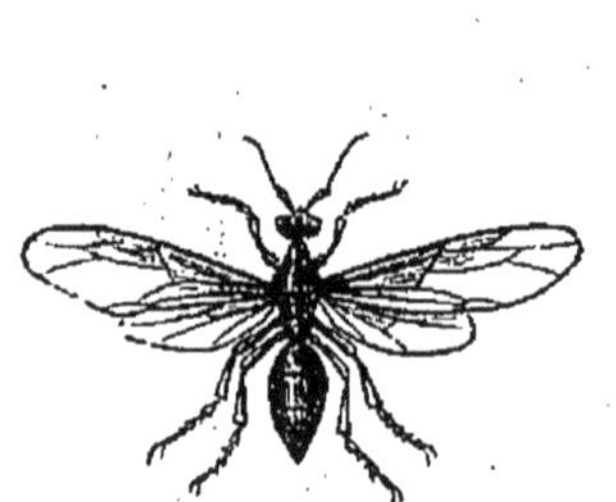

FIG. 93. — *Fourmi cendrée.*
Mâle, ouvrière et femelle.

Cependant les fourmis savent se retrouver au milieu de ces dédales, et nulle ne s'y égare. Celles d'une même fourmilière se reconnaissent entre elles; un faible attouchement de leurs antennes, organes de l'odorat, leur suffit pour se communiquer des renseignements capables de les guider dans les actes qu'on leur voit exécuter.

Les individus neutres sont surtout occupés à la récolte

et à l'aménagement des provisions; ils donnent aussi des soins aux œufs et aux larves, et, dans certains cas on les voit les porter à la surface de leurs habitations pour les faire jouir pendant quelque temps des bienfaits d'une douce

FIG. 94. — Larve de *Fourmi rouge*; très-grossie.

FIG. 95. — Nymphe de *Fourmi rouge*.

insolation, après quoi ils les remettent à la place qu'elles occupaient d'abord. Ils retiennent aussi les individus ailés pour les empêcher de sortir et dirigent leurs principales actions jusqu'à ce qu'ils soient aptes à se reproduire.

FIG. 96. — *Fourmi noire*, mâle, ouvrière et femelle.

FIG. 97. — *Fourmi roussâtre*.

Il y a différentes espèces de fourmis. Dans certains cas

ces animaux se battent les uns contre les autres; mais ce sont ceux des différentes fourmilières qui se livrent ces combats, et l'on a constaté qu'ils se font des prisonniers. Les vainqueurs les emmènent comme esclaves pour les assujettir à des travaux dont leur colonie profitera.

Ces faits ont été observés par Hubert fils, de Genève, qui a apporté dans l'étude des fourmis les mêmes soins que son père avait donnés à celle des abeilles.

Ajoutons, pour terminer, que les mêmes insectes sont friands du suc qui s'écoule des deux petits prolongements que les pucerons portent sur l'abdomen, et qu'on les voit souvent rechercher ces derniers pour s'emparer de la sécrétion qui leur est propre. Il y a plus : certaines fourmis emportent les pucerons avec elles, les mettent dans des lieux convenables et les y retiennent captifs comme nous le faisons de nos troupeaux lorsque nous les abritons dans une étable.

Voilà, dira-t-on, des animaux dont l'intelligence acquiert un bien grand développement et qui tout faibles et tout petits qu'ils sont ne le cèdent point aux vertébrés des premières classes. Certains de leurs actes semblent n'être comparables qu'à ceux qui caractérisent les sociétés humaines. Les fourmis ont comme les abeilles des gouvernements aussi bien ou mieux organisés que les nôtres ; il semble dans certaines circonstances que les règles de l'économie politique et sociale président à l'établissement et à l'administration de leurs réunions. Mais sont-ce bien là des faits analogues à ceux qui procèdent de l'intelligence et un pur instinct ne suffit-il pas à leur production ?

Les auteurs qui se sont occupés de ces difficiles et intéressantes questions ont attribué tantôt à l'instinct tantôt à l'intelligence les actes que nous venons de rappeler sommairement, mais sans qu'aucun d'eux ait donné une définition exacte de ce que l'on doit entendre par chacune de ces deux expressions : *instinct* et *intelligence*.

Pour Dupont de Nemours, philosophe et observateur français de l'école de Condillac, tout cela était réellement intelligent ; pour beaucoup d'autres c'est uniquement de

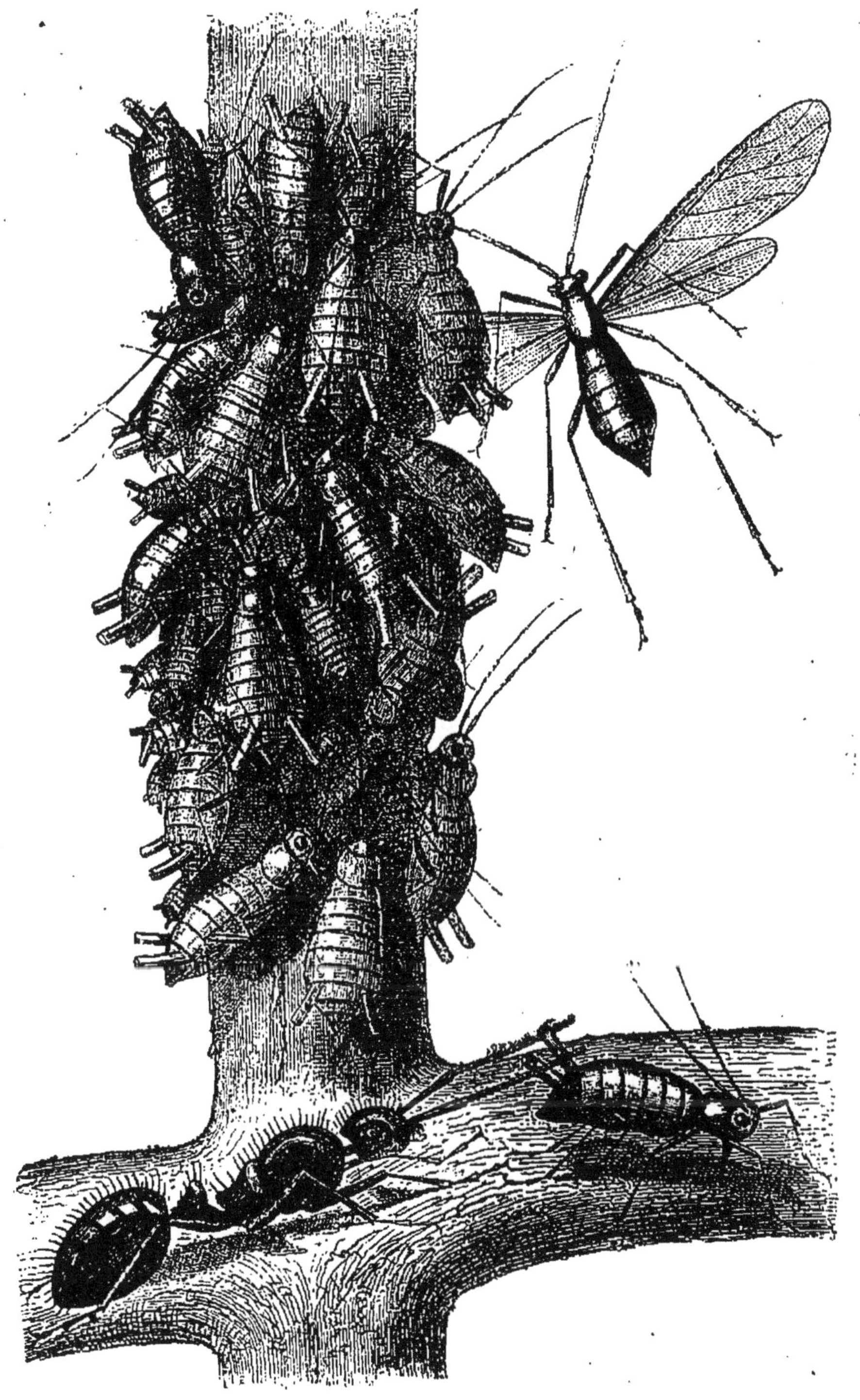

FIG. 98. — *Fourmis* occupées à traire des pucerons.

l'instinct, c'est-à-dire le résultat d'aptitudes innées, incapables de modifications, s'ignorant pour ainsi dire elles-mêmes, et qui ne se modifient jamais quelle que soit la diversité des circonstances extérieures au milieu desquelles elle s'exercent.

Frédéric Cuvier a étudié les mammifères au même point de vue. Il admet l'intelligence chez les singes supérieurs, le chien, l'éléphant, le cheval qui sont capables d'apprendre, qui réfléchissent dans certaines limites, peuvent être dressés à des exercices fort divers, reçoivent de leurs parents ou de nous-mêmes une véritable éducation et s'associent volontairement à notre espèce ; il ne reconnaît que de l'instinct chez l'écureuil, le lapin, le castor. A plus forte raison eût-il expliqué par la même faculté les actes cependant si divers et en apparence si bien calculés que les insectes exécutent.

En réalité, comme on n'a pas encore trouvé une définition comparative exacte de l'intelligence et de l'instinct, on avance en général peu les questions relatives à la nature propre de ces actes quand on les attribue à l'une ou à l'autre de ces aptitudes.

Elles diffèrent sans aucun doute l'une de l'autre, mais nous ignorons les conditions de leurs manifestations et le plus souvent leurs rapports avec l'organisation des êtres ne sauraient encore être établis. Leur rôle dans la conservation des animaux et la diversité des manifestations particulières à chaque espèce est toujours admirablement calculé ; mais, il faut bien le reconnaître, leur essence nous échappe dans la plupart des cas et nous ne connaissons pas assez les particularités intimes de la structure du système nerveux ni les forces dont il est le siége pour nous rendre un compte suffisamment exact du mécanisme vital qui détermine des manifestations si diverses et parfois si singulières.

Bornons-nous donc à constater la sagesse qui préside à leur exécution sans prétendre les comparer aux actes réfléchis et libres que nous exécutons nous-mêmes.

L'homme, indépendamment des qualités élevées qui en font un être raisonnable, différent de tous les animaux, présente d'ailleurs, comme ces derniers, des manifestations de l'une et de l'autre sorte. Les unes instinctives et dont il n'a que vaguement conscience, président à ses premiers actes de relation ; durant les premiers temps de son existence elles dirigent presque seules ses rapports avec ce qui l'entoure. Les secondes dont l'indice ne tarde pas à apparaître l'associent plus directement à mesure qu'il se développe et grandit aux faits du monde ambiant ; elles se multiplient concurremment avec les progrès de son intelligence et le développement de ses organes ; enfin, les perfectionnements que l'éducation y apporte sont tels, qu'elles nous font oublier nos instincts, les dominent souvent et placent notre espèce tellement au-dessus de toutes les autres, que trompés par ce contraste, certains philosophes ont cru que les animaux n'avaient que de l'instinct et que c'étaient pour ainsi dire des automates vivants, tandis qu'ils ont admis que l'intelligence était le partage exclusif de notre espèce, tandis que la raison est le seul caractère distinctif de l'homme.

CHAPITRE XII.

DES ARAIGNÉES ET DE L'ÉCREVISSE.

ARAIGNÉES. — Les araignées sont comme les insectes des animaux articulés, mais ils rentrent dans une autre classe que les insectes hexapodes ou à six pattes, celle des arachnides, dont on peut les considérer comme formant le type. De même que les écrevisses, elles ont la tête réunie au thorax, mais cette seconde partie est d'une autre forme que chez les crustacés. En outre le nombre des appendices n'y est pas le même et les araignées diffèrent aussi des crustacés par la disposition de leurs membres.

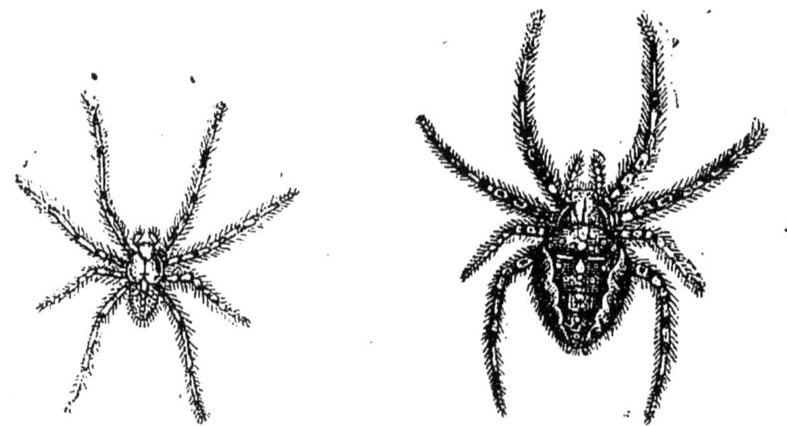

FIG. 99 et 100. — *Araignées épeires*, mâle et femelle.

Les araignées et tous les animaux qui rentrent avec elles dans la classe des arachnides manquent d'antennes, leurs yeux sont sessiles et simples au lieu d'être pédiculés et à facettes; leur bouche n'a pas de pièces comparables à celles que l'on voit chez les insectes ou les crustacés.

FIG. 101. — *Mygales maçonnes.*

Elle s'ouvre entre deux paires de pieds-mâchoires, plus allongées que chez les écrevisses et dont l'une porte un appendice acéré servant à introduire le venin de ces animaux dans les piqûres qu'ils font tandis que l'autre est grêle et forme une sorte de palpe antenniforme. L'abdomen est en boule; il porte l'orifice des organes respiratoires qui sont des sacs lamelleux auxquels on a donné le nom impropre de poumons. L'anus et les filières, en communication avec les glandes sécrétrices de la soie, s'y ouvrent également. Ce sont ces derniers organes qui fournissent la substance avec laquelle les araignées tissent leurs toiles. Chaque espèce de ce groupe en fait d'une forme particulière, et le baron Walckenaer qui s'est occupé d'une manière tout à fait spéciale de ces animaux, a tiré des différentes formes de leurs toiles des indications pour une classification générale des araignées.

Les épéires ou araignées des jardins (fig. 99 et 100) dont la toile est orbiculaire et rattachée aux arbres ou aux plantes environnantes par quelques fils principaux qui en partent comme autant de rayons, appartiennent aux orbitèles.

Les mygales maçonnes du midi de l'Europe (fig. 101) creusent dans la terre une sorte de petit puits qu'elles garnissent d'une fine couche de soie et elles le bouchent avec un couvercle qu'elles ont soin d'y retenir attaché au moyen d'une charnière également faite de cette substanc C'est là qu'elles se blottissent pour attendre leur proie.

Les ruses employées par les autres espèces de ce groupe ne sont pas moins bizarres.

Les argyronètes sont de véritables araignées, remarquables par leurs habitudes aquatiques. Elles font sous l'eau une espèce de cloche au moyen de la soie que fournit leur filière, et, après l'avoir remplie d'air, elles s'y retirent. On trouve de ces araignées en France.

Écrevisse. — C'est un animal articulé, de la classe des crustacés, que l'on trouve dans nos rivières.

Son corps se partage en deux parties principales : la tête et le thorax, réunis en une seule pièce qu'on nomme le céphalothorax, et l'abdomen que sa forme allongée et multiarticulée fait désigner vulgairement par le nom impropre de queue. Les yeux de l'écrevisse sont pédiculés et de la catégorie dite yeux composés; leurs antennes sont doubles pour chaque côté, l'une des paires dépassant de beaucoup l'autre en longueur. Elles ont des pièces buccales proprement dites et des pièces accessoires servant aussi à la mastication auxquelles on donne le nom de pattes mâchoires. Quant aux pattes spécialement appropriées à la locomotion, elles sont au nombre de cinq paires comme dans les autres crustacés décapodes et la première est en forme de pinces didactyles.

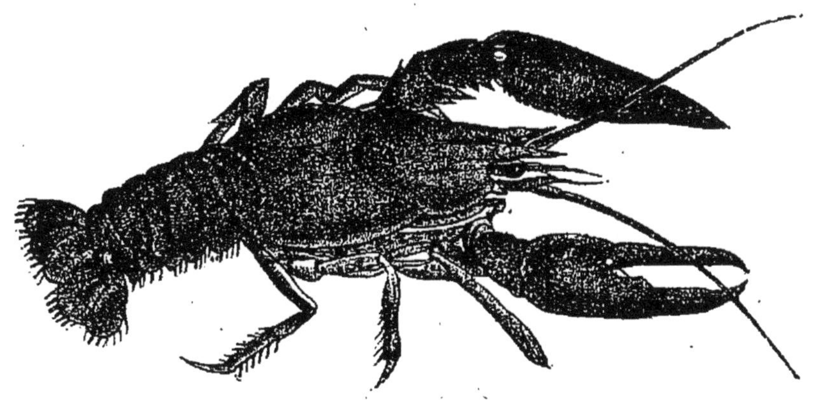

FIG. 102. — *Écrevisse.*

L'abdomen des écrevisses est composé de cinq anneaux dont le dernier porte des lamelles natatoires; au-dessous de chaque anneau sont de petits appendices, plus développés chez les femelles (fig. 103) que chez les mâles, auxquels celles-ci suspendent leurs œufs. La position des ouvertures génitales sert aussi à faire reconnaître les sexes.

L'enveloppe générale du corps de ces animaux est encroûté de matière calcaire et d'apparence crustacée; elle est sujette à des mues avec lesquelles coïncide l'accroissement des écrevisses. Elles mettent quelque temps à solidifier leur têt et au moment où cette opération va s'accomplir, on trouve en général dans leur corps deux petites masses calcaires, appelées yeux d'écrevisses, qui constituent un approvisionnement destiné à cette solidification.

Le canal digestif est complet et l'estomac volumineux[1].

La nourriture des écrevisses consiste particulièrement en substances animales; la chair corrompue les attire et elles la préfèrent à tout autre aliment. Près le commencement de leur intestin est le foie, formant des cœcums qui simulent des houppes allongées. Le système veineux est moins complet que le système aortique et sur le point de jonction de celui-ci avec les vaisseaux revenant des branchies on remarque une dilatation contractile formant un véritable cœur, lequel est placé sous la partie postérieure et médiane du céphalothorax.

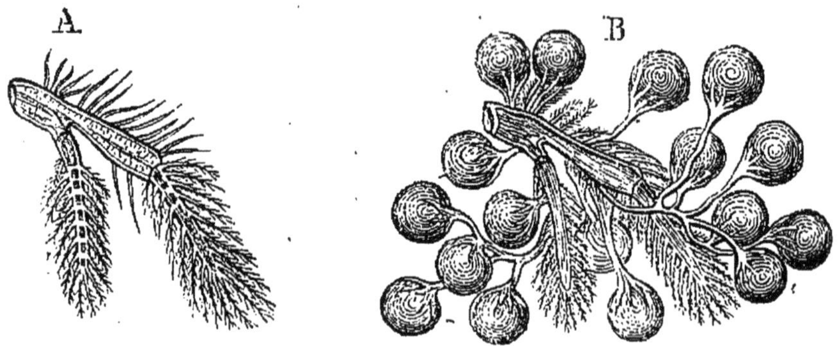

FIG. 103. — A) une des fausses pattes abdominales de l'*Ecrevisse* femelle. B) la même, chargée d'œufs.

Les branchies des écrevisses sont en panaches et logées bilatéralement dans une cavité que protégent les rebords de la carapace. Quant au système nerveux, il a la disposition d'une chaîne ganglionnaire sous-intestinale. Il commence par un cerveau placé au-dessus de l'œsophage.

Les écrevisses sont des animaux à respiration aquatique et qui vivent dans l'eau. Elles se retirent pendant l'hiver dans des excavations. Leur croissance est lente.

On a fait quelques essais de culture concernant ces animaux, qui ont déjà donné de bons résultats. Il paraît possible de tirer un bon parti de leur parcage.

1. *Zoologie*, 2e année, fig. 182 à 188.

CHAPITRE XIII.

DU LOMBRIC OU VER DE TERRE ET DE LA SANGSUE.

Les VERS DE TERRE, animaux si communs dans une multitude de localités et dont les naturalistes distinguent plusieurs espèces, ont le corps formé d'un nombre considérable d'anneaux à peu près semblables les uns aux autres, sans appareil extérieur pour la respiration, tels que nous en voyons chez beaucoup de vers propres aux eaux marines. Ils sont sans tentacules tactiles, mais leurs nombreux articles portent chacun plusieurs rangées de soies qui servent à la locomotion. Ils vivent dans le sol et suivant l'humidité de celui-ci, s'y enfoncent plus ou moins profondément.

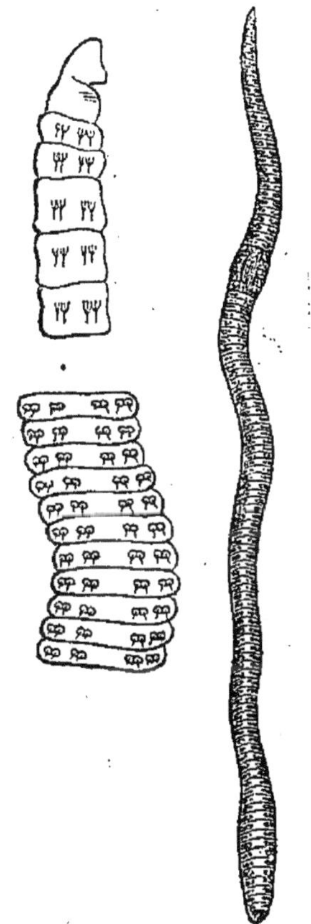

FIG. 104. — *Lombric.*

Ces animaux forment le genre des lombrics. Leur tube digestif est droit et sans appendices sur son trajet; l'humus chargé de substances organiques constitue leur principale nourriture et les petites masses moulées en tortillons qu'ils en rejettent décèlent habituellement leur présence.

Étudiés dans leur structure intérieure, les vers de terre

présentent indépendamment de la peau sétigère et annelée qui les enveloppe, ainsi que du tube digestif droit dont nous avons déjà parlé, un système vasculaire et un système nerveux; ce dernier longe inférieurement le canal digestif sous lequel il forme une chaîne ganglionnaire. Ils ont aussi des organes de reproduction mâles et femelles pour chaque individu.

Quelques espèces de ce genre jouissent de la singulière propriété d'être phosphorescentes. Aucune d'elles ne subit de métamorphoses; leur génération est ovipare.

On classe les lombrics parmi les annélides ou vers à sang rouge.

Les SANGSUES, type du genre *Hirudo*, ont le corps entièrement dépourvu d'appendices locomoteurs et leurs mouvements s'exécutent par les contractions générales dont ils sont susceptibles, ainsi que par les deux ventouses terminales, l'une entourant la bouche, l'autre placée tout à fait en arrière et plus complète dont ils sont pourvus à la région anale.

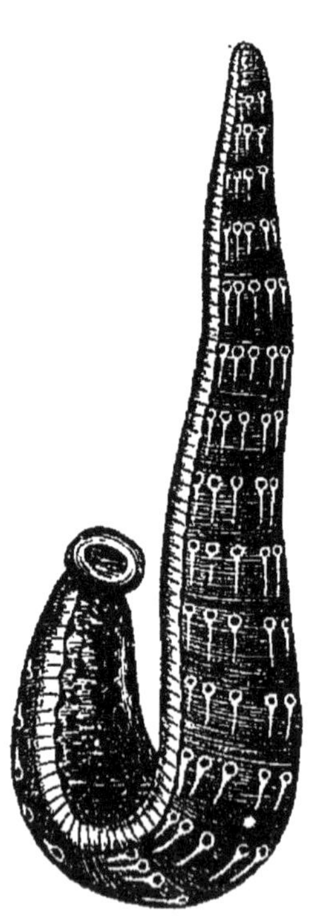

FIG. 105. — *Sangsue.*

C'est dans leur ventouse antérieure qu'est ouverte la bouche, laquelle est armée de trois mâchoires dentées en scie sur leur bord libre. Ils s'en servent pour ouvrir la peau des sujets sur lesquels ils se fixent, et, en faisant le vide à l'aide de leurs ventouses, ils hument le sang de l'homme ou celui des animaux.

Le tube digestif des sangsues est droit, mais il montre sur son trajet des expansions en forme de culs-de-sac dont les postérieures sont les plus grandes. Elles manquent de branchies et présentent latéralement de petits sacs respiratoires. Leur appareil de la circulation est assez compliqué.

Elles ont le sang rouge. Leur système nerveux consiste en un cerveau sus-œsophagien relié par un collier avec une chaîne de ganglions sous-intestinaux qui se continue dans toute la longueur du corps.

Semblables sous ce rapport aux lombrics, les sangsues réunissent les deux sexes et les jeunes au sortir de l'œuf ne subissent aucune métamorphose. Les œufs sont enfermés dans des espèces de gros cocons lanugineux à leur surface.

Ces animaux rentrent aussi dans la catégorie des vers annélides. Ils ont des yeux rudimentaires et même des oreilles internes réduites à une seule capsule auditive.

Tout le monde connaît l'usage que l'on en fait en médecine. Leur multiplication, leur vente et les envois auxquels ils donnent lieu pour toutes les parties du globe sont l'objet de transactions qui ne manquent pas d'importance.

On a nommé hirudiculture la branche de la zoologie appliquée qui s'occupe de la propagation des sangsues et perfectionne les procédés employés pour la multiplication et la conservation de ces espèces de vers.

CHAPITRE XIV.

DE LA SEICHE, DE LA LIMACE ET DU LIMAÇON.

La SEICHE est un animal commun sur tous les marchés de nos villes littorales, que l'on mange dans toutes ces localités. Cette grosse espèce de mollusques a le dos soutenu par une pièce calcaire constituant sa coquille et que l'on donne aux oiseaux de volière pour aiguiser leur bec.

Son corps est mou e narticulé, mais elle a la tête bien distincte du tronc et surmontée de dix appendices en forme de longs tentacules que l'on appelle bras ou pieds et qui ont fait donner à la classe dont la seiche est le type la dénomination de céphalopodes. Sur ces appendices reposent des ventouses qui servent au mollusque pour s'attacher aux autres objets, et l'on voit à leur base au milieu du cercle où leur insertion a lieu, la bouche qui est elle-même garnie d'une paire de fortes mâchoires d'apparence cornée rappelant assez bien le bec d'un perroquet.

La seiche vit dans la mer; elle nage avec facilité. Son corps est garni d'une paire de nageoires latérales; elle possède en outre un appareil très-curieux qui est le principal agent de sa locomotion.

Un grand sac placé sous son ventre renferme deux grosses branchies; on y voit aussi l'orifice terminal du tube digestif et celui de plusieurs autres organes. Ce sac largement ouvert lorsque l'eau destinée à la respiration s'y introduit, peut se fermer hermétiquement lorsque cette eau est chassée au dehors; l'animal fait alors passer le liquide à travers une sorte d'entonnoir également formé par la peau et qui se trouve placé en avant du sac lui-même, entre ce dernier et la tête du mollusque. Le tube de l'entonnoir est dirigé du côté de la tête, d'où il résulte que l'eau qui en sort est elle-même poussée d'arrière en avant.

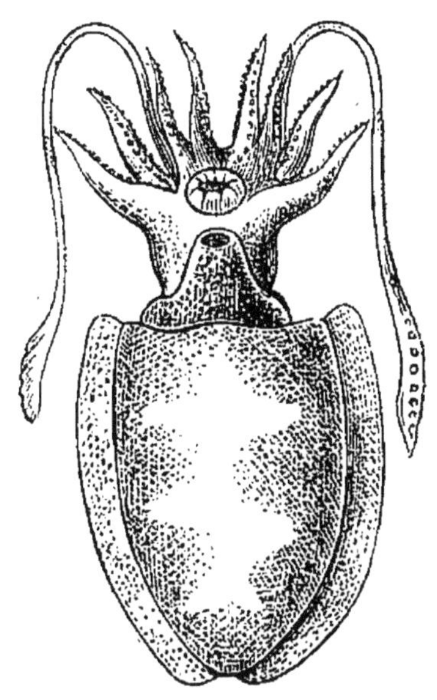

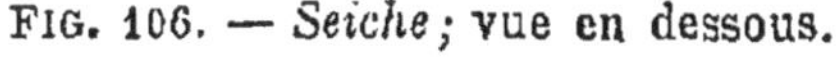

FIG. 106. — *Seiche;* vue en dessous.

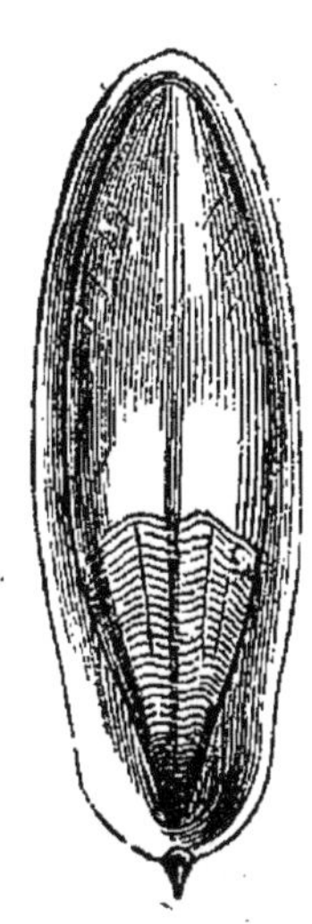

FIG. 107. — Os de *Seiche* (la coquille); vu en dessous.

La force motrice produite dans ces circonstances est considérable et comme elle agit contrairement à la marche même du courant, la seiche et les autres céphalopodes se meuvent d'avant en arrière et par saccades.

Tous les céphalopodes sont de même que la seiche des animaux nageurs. On cite parmi eux des espèces dont la forme est bien mieux appropriée que la sienne à un mouvement rapide. Certains calmars ont été comparés sous ce rapport à des flèches.

La structure intérieure des seiches n'est pas moins curieuse à examiner que la superficie de leur corps. On y reconnaît une mplication qui doit les faire placer au-dessus de tous les animaux que l'on comprend dans le grand embranchement des mollusques, animaux qui sont pour la plupart pourvus de coquille. Nous ne parlerons ici que de leur encre.

Les seiches possèdent auprès du foie une poche dans laquelle s'amasse une matière noire, la même dont on fait la sépia et qu'elles lancent au dehors lorsqu'on les inquiète. Cette substance d'abord à demi liquide s'étend dans l'eau comme un nuage dont l'animal s'entoure pour se soustraire à la poursuite des ennemis qui l'inquiètent.

Limaces et Hélices. — Les limaces dont il existe plusieurs espèces, grises, marbrées, rouges, etc., et les hélices (limaçons ou escargots), encore plus variés dans leurs espèces, appartiennent aussi à la grande division des mollusques, c'est-à-dire aux animaux à corps inarticulé et mou qui sont pour la plupart pourvus de coquille.

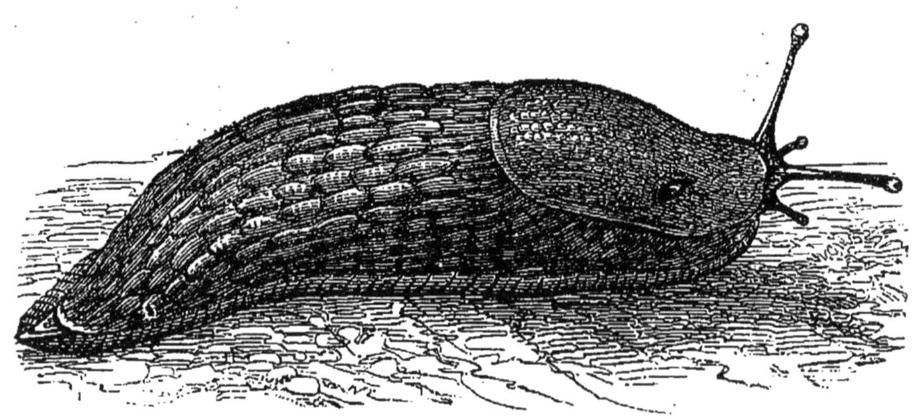

Fig. 108. — *Limace rouge.*

Chez les limaces cette partie protectrice semble ne pas exister, mais en fendant avec précaution l'espèce de bouclier cutané qui recouvre leur appareil respiratoire, on y retrouve sous la forme d'une petite pièce calcaire assez semblable à un ongle un corps dur, lequel n'est autre chose que la coquille. Dans les limaçons, la coquille prend au contraire tout son développement et au lieu de rester enfermée dans une loge de la peau de ces animaux, elle est assez grande pour recevoir leur corps tout entier et ils ont la possibilité de l'y cacher complétement. Les limaçons trouvent dans cette coquille un abri aussi sûr que celui que la carapace de la tortue donne à ce reptile.

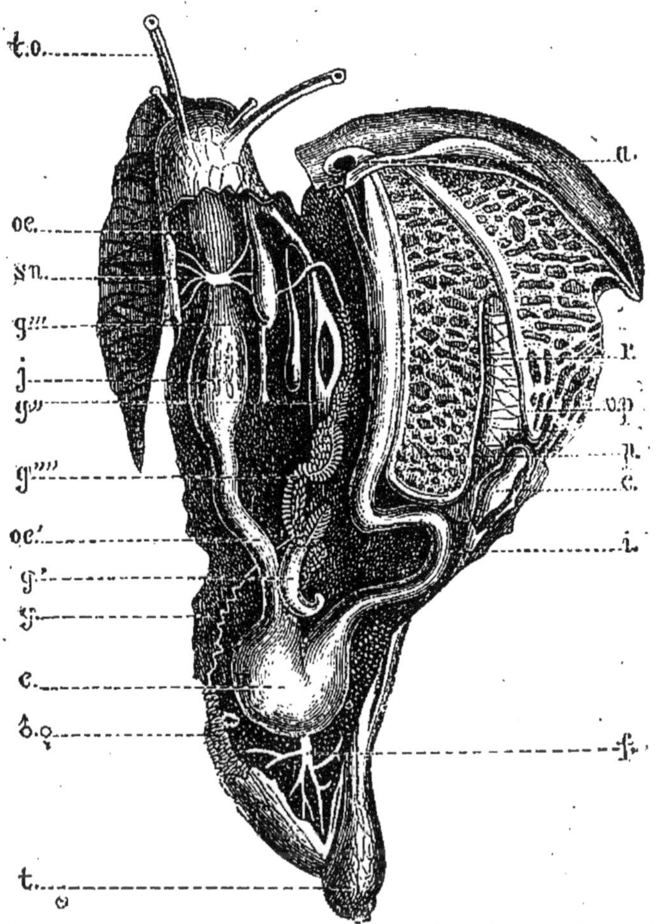

FIG. 109. — *Agathine de Maurice* (famille des Limaçons). Anatomie.

to) tantacules oculaires; — *œx*) œsophage; — *sn*) cerveau ou système nerveux sus-œsophagien; — *j*) jabot; — *e*) estomac; — *t*) tortillon formé par le foie; — *f*) emplacement occupé par le foie dont on n'a laissé que les canaux biliaires et la partie terminale; — *i*) intestin; — *a*) anus; — *r*) rein; — *p*) poumon; — *vp*) vaisseaux pulmonaires; — *c*) les deux cavités du cœur.

Les mollusques de cette famille ont presque tous les sexes mâle et femelle réunis sur le même individu. Les signes ♂ (mâle) et ♀ (femelle), ainsi que les lettres *g g' g'' g''' g''''* indiquent les différentes parties de l'appareil reproducteur.

Les mollusques dont nous parlons ont sous le corps un

plan musculaire contractile qui leur sert de principal moyen de locomotion et que l'on nomme leur pied. La tête à peine séparée de la cavité abdominale porte deux paires de tentacules dont les supérieurs plus grands que les autres servent de support aux yeux; la bouche est garnie d'une petite mâchoire cornée; l'intestin est complet. Tous respirent au moyen d'un sac dans lequel rampent les vaisseaux sanguins, et c'est l'air atmosphérique qu'ils emploient à cet usage; enfin ils ont un appareil de circulation sur le parcours duquel est placé un cœur destiné à chasser dans toutes les parties du corps le sang qui a passé par le poumon pour y subir le bénéfice de la respiration.

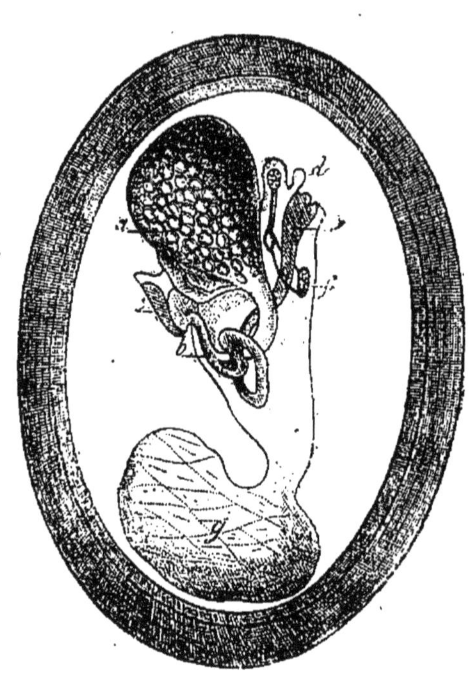

FIG. 110. — Œuf de *Limace* avec son embryon. *a*) vésicule vitelline; — *b*) intestin; — *c*) bouclier renfermant le rudiment de la coquille; — *d*) tentacules oculaires; — *e*) bouche et œsophage; — *f*) cerveau et collier œsophagien; — *g*) rame caudale qui disparaîtra à l'époque de la naissance.

Le système nerveux des limaçons et des limaces n'est pas moins facile à observer et ces animaux offrent aussi une disposition assez curieuse du système musculaire. Bien qu'on les croie généralement aveugles ils ont des yeux, et l'anatomie délicate à laquelle ils ont été soumis a même montré qu'ils possédaient des organes internes d'audition. Ce sont deux capsules en communication avec des nerfs émanant de leur petit cerveau et qui sont placées dans la tête.

Ces mollusques ont toujours les organes mâles et femelles réunis sur le même individu; ils pondent des œufs, et dans certains cas la transparence de ces derniers est telle qu'elle permet d'en observer aisément le développement.

FIG. 111. — *Limaçon des vignes.*

Les limaces et les hélices nuisent aux agriculteurs et aux horticulteurs. Il n'est qu'un petit nombre de leurs

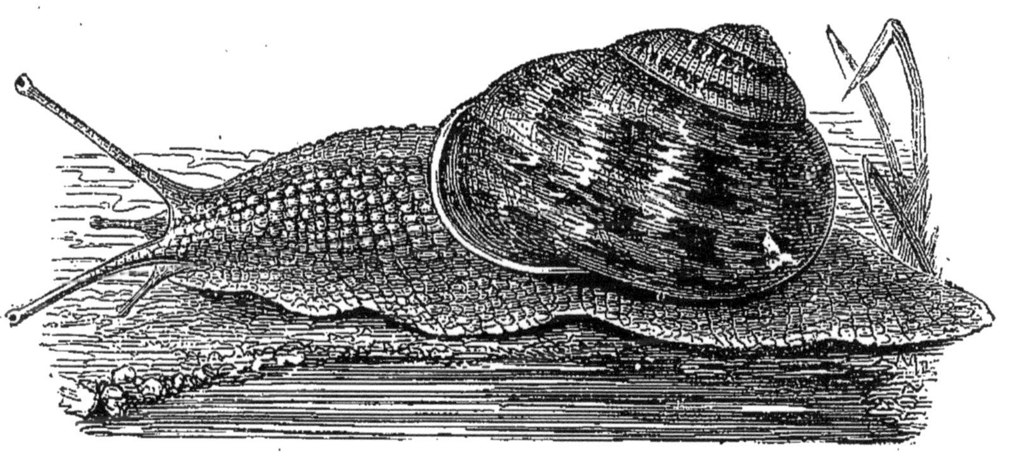

FIG. 112. — *Limaçon chagriné.*

espèces qui puissent être utilisées. On les mange, et dans certains cas on en prépare des médicaments pectoraux.

C'est particulièrement au groupe des hélices qu'appartiennent ces espèces parmi lesquelles nous citerons l'hélice vigneronne (*Helix pomatia*), la chagrinée (*H. aspersa*), la vermiculée (*H. vermiculata*) et la rhodostome (*H. rhodostoma* ou *pisana*). Ces deux dernières se rencontrent surtout dans le Midi ; les autres sont plus répandues dans le centre.

CHAPITRE XV.

DE L'HUITRE ET DE QUELQUES MOLLUSQUES BIVALVES.

Tout le monde connaît les HUÎTRES, ces animaux à corps mou, vivant enfermés dans une coquille bivalve qui est le produit de leur propre sécrétion. Ils appartiennent à l'embranchement des mollusques et rentrent dans la division des conchifères ou bivalves lamellibranches.

Leur coquille n'a pas la régularité de la plupart des autres; ses deux moitiés sont inégales, l'une étant plate et l'autre bombée, ce qu'on appelle une coquille inéquivalve. Chaque valve prise séparément n'est pas symétrique, c'est-à-dire divisible en deux moitiés égales; cette coquille est donc inéquilatérale. Un ligament élastique retient les deux valves attachées l'une à l'autre, mais il les laisserait entr'ouvertes, c'est-à-dire bâillantes, sans un muscle puissant qui traverse de part en part le corps de l'animal, pour aller se fixer à chacune des valves de la coquille; il retient celle-ci hermétiquement fermée, car il est contractile au gré de l'animal. C'est ce muscle que l'on coupe lorsque l'on veut ouvrir une huître et s'emparer de sa partie charnue : il est unique au lieu d'être double, comme cela a lieu dans certaines autres espèces de bivalves, et l'huître prend rang parmi ceux de ces bivalves qu'on a appelés monomyaires parce qu'ils n'ont qu'un seul muscle. Les animaux de la même classe qui ont deux muscles, sont les dimyaires.

La coquille de l'huître est rude et lamelleuse à sa surface extérieure; on y voit des stries dues à ses accroissements successifs. Intérieurement, au contraire, elle est lisse, blanche et nacrée, sans cependant que sa nacre soit aussi belle que celle des pintadines, coquilles de la même famille, mais d'un autre genre, que l'on exploite sous ce rapport. L'impression d'un aspect rugueux, dont le milieu de sa surface est marqué, est l'insertion du muscle dont nous avons parlé plus haut.

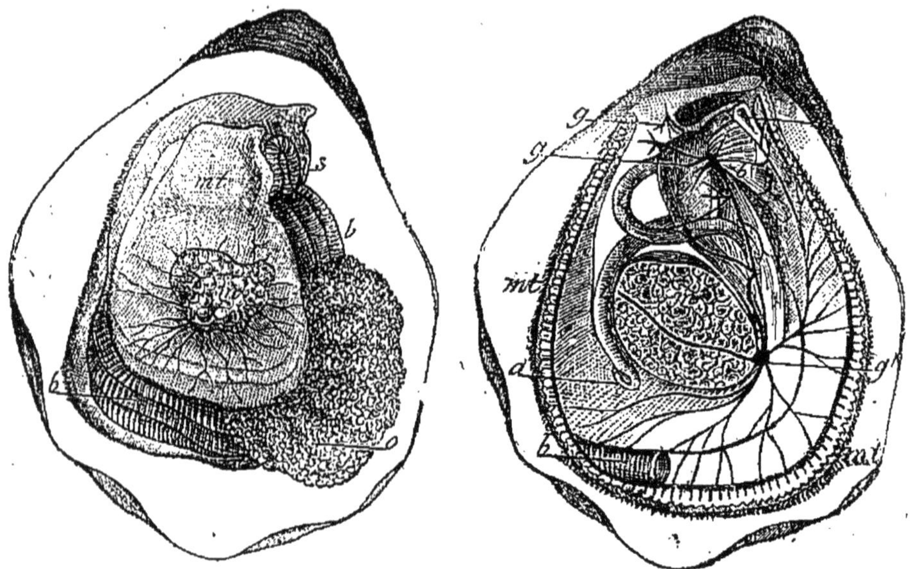

FIG. 113. — Anatomie de l'*Huître*.

s) bouche; — *e*) estomac; — *ii*) canal intestinal; — *a*) anus; — *gg* et *b*) cerveau et ganglions œsophagiens; les filets nerveux qui en partent sont représentés par des lignes noires; — *g*) ganglion sous-intestinal, appelé aussi pédieux, répondant au ganglion sous-œsophagien des autres mollusques et des animaux articulés; — *mt*) bord frangé du manteau auquel se rendent des filets nerveux issus du ganglion précedent; — *i*) intestin; — *a*) anus; — *bb*) branchies dont on n'a conservé que les portions terminales.

FIG. 114. — *Huître*, chargée de naissain; = *b*) branchies; — *m*) muscle servant à la fermeture des valves; — *mt*) manteau; — *o*) naissain ou amas d'œufs et d'embryons formant une masse laiteuse; — *s*) palpes buccaux et bouche.

Envisagés en eux-mêmes, les mollusques du genre huître offrent à considérer deux surfaces membraneuses, constituant leur manteau, et dont leur corps est comme enveloppé; le bord en est frangé. Ce manteau est ouvert, c'est-à-dire que sa partie droite n'est pas soudée à la gauche, comme cela se voit dans d'autres bivalves. Enfin, l'huître n'a ni pied locomoteur analogue à celui des bucardes ou des vénus, ni tubes anal et respiratoire, comme ces animaux en portent à leur partie postérieure; elle ne produit pas non plus de filaments d'attache analogues à ceux que nous présentent les moules, et que l'on nomme un byssus.

Quand on soulève le manteau d'une huître, on voit d'abord les lamelles branchiales placées de chaque côté de sa masse viscérale; elles servent à sa respiration. La bouche apparaît à une des extrémités de l'arc formé par ces branchies; on voit auprès d'elle deux palpes labiaux qui ressemblent à des branchies accessoires. L'anus est à une petite distance de l'extrémité opposée, en arrière du gros muscle qui sert à fermer les valves. Il y a donc chez ces mollusques un canal intestinal complet, comme il y en a un chez tous les autres animaux du même embranchement et l'on reconnaît que ce canal se partage en un œsophage très-court, un estomac et un intestin; ce dernier décrit plusieurs circonvolutions. Le foie, dont le volume est proportionnellement assez considérable, verse la sécrétion biliaire dans le commencement de cet intestin. Les vaisseaux de l'huître ont été également observés; ils ont pour centre d'impulsion un cœur placé comme à cheval sur l'intin, ce qui a d'abord fait croire qu'il traversait ce dernier.

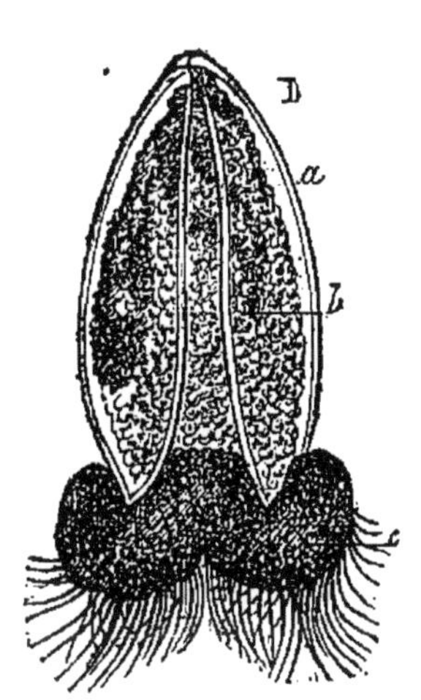

FIG. 115. — Embryon de l'*Huître*.

a) la coquille qui est alors équivalve; — *b*) corps du jeune animal; — *c*) appareil natatoire cilié, destiné à disparaître lorsque la jeune huître se fixera.

Quant au système nerveux, il se montre avec les différentes parties propres aux animaux du même embranchement. Ses principaux ganglions sont placés en avant de l'estomac, auprès de l'œsophage. Ils répondent au cerveau, et communiquent avec un autre ganglion situé au-dessous du musc e principal. Celui-ci fournit la plus grande parti des nerfs destinés aux autres organes.

Les huîtres font des œufs qui éclosent dans leurs propres branchies et donnent naissance à une sorte de larve mobile qui porte un pied garni de cils vibratiles (fig. 115); elles en produisent en nombre considérable. La masse de ces œufs et de ces larves apparaît comme une sorte de lait quand on ouvre ces mollusques (fig. 113). On a proposé de se servir de ce naissain pour repeupler artificiellement les bancs sur lesquels on pêche ces bivalves, et en créer de nouveaux.

A toutes les époques, les huîtres ont été recherchées comme aliment. Les Grecs et les Romains les appréciaient fort, et l'on sait que ces derniers ayant reconnu la supériorité des huîtres pêchées dans les mers britanniques sur celles de la Méditerranée, s'en faisaient expédier pendant l'hiver en les enveloppant de neige et les comprimant dans les récipients où on les plaçait, afin d'empêcher les coquilles de s'ouvrir. Un spéculateur romain, nommé Sergius Aurata, imagina de creuser dans les anses du littoral, des viviers pour y engraisser les huîtres; c'est l'origine de nos parcs tels qu'on en voit à Dunkerque, à Ostende et ailleurs.

Dans les parages d'une salure moyenne, auxquels se mêle de l'eau douce, les huîtres engraissent mieux qu'ailleurs. Peu de temps suffit à cette opération, si les conditions sont favorables; aussi dans certains parcs a-t-on soin de verser de l'eau douce, lorsque la pluie ou les aménagements de l'exploitation ne répondent pas à ce besoin. Nous avons vu des huîtres de la Méditerranée, qui sont naturellement maigres, et dont la saveur est âcre, s'adoucir et devenir aussi grasses que celles d'Ostende après être restées quelques jours dans les eaux à moitié douces qui s'écoulent des étangs du littoral après les grandes pluies.

On prend des huîtres dans presque toutes les mers : l'Adriatique, la Méditerranée, l'Atlantique, la mer du Nord en possèdent. Il y en a aussi sur les côtes d'Afrique, sur celles d'Amérique, aux Antilles, dans l'Inde, en Chine, et ailleurs ; mais les espèces varient avec les localités. Dans quelques cas, elles viennent s'établir jusque dans les embouchures, et même à une certaine distance au-dessus.

A Paris on consomme principalement des huîtres de Marennes et de Cancale. Les huîtres anglaises, parquées à Ostende et à Dunkerque, ont une grande réputation; il s'en expédie jusqu'à Saint-Pétersbourg et à Alexandrie.

C'est à la grande famille des huîtres, appelée par les naturalistes famille des Ostréacées, qu'appartiennent les Pintadines ou huîtres à perles, les placunes, qui fournissent principalement la nacre, les peignes ou pellerines, employées comme aliments, et d'autres genres encore dont on verra les coquilles dans toutes les collections conchyliologiques.

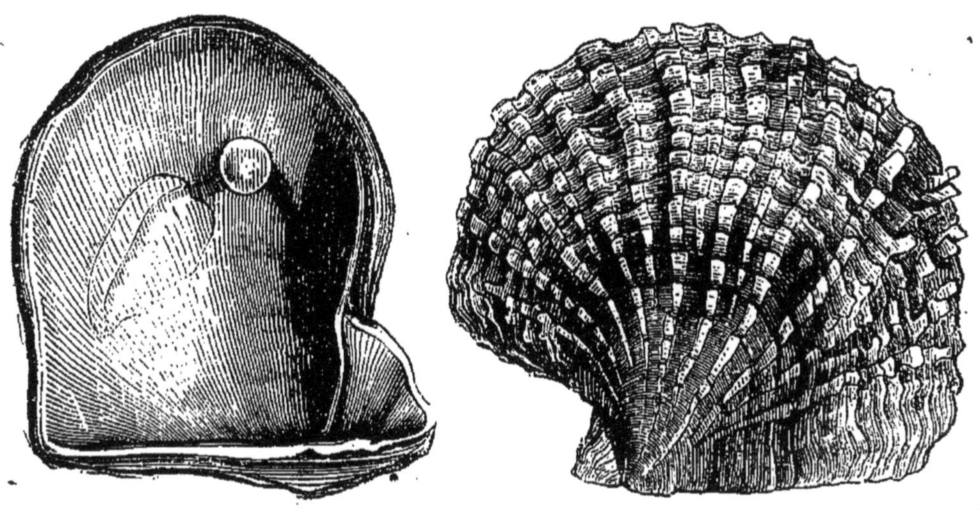

FIG. 116 et 117. — *Pintadine* ou huître perlière.

La nacre constitue la surface interne des valves des placunes ; les perles sont le résultat d'une maladie fréquente chez les pintadines, et de laquelle résulte la formation de ces petites sphères nacrées si recherchées comme objets d'ornement. Les huîtres comestibles fournissent quelquefois des perles, mais toujours en petit nombre; il s'en produit aussi dans le manteau des jambonneaux, des vénus, ainsi que dans les mulettes qui sont des animaux propres aux eaux douces.

CHAPITRE XVI.

DES HYDRES OU POLYPES DES EAUX DOUCES ET DU CORAIL.

Hydre ou Polype des eaux douces. — Linné a imposé le nom d'hydres (*Hydra*), donné par les anciens à un animal fabuleux, à un genre fort singulier de polypes, vivant dans les eaux douces, que l'on trouve dans presque toutes les parties de l'Europe. C'est principalement sous le rapport physiologique que ces petits zoophytes sont intéressants à étudier, et les découvertes que Trembley et d'autres observateurs ont faites à leur égard, ont beaucoup contribué à mériter aux hydres la réputation dont elles jouissent auprès des savants.

La première indication en fut donnée en 1700 dans les Transactions philosophiques de Londres, par le savant micrographe hollandais Leuwenhoeck et par un anonyme. Tous deux aperçurent une des propriétés les plus remarquables de ces animaux, celle qui a trait à leur multiplication par bourgeonnement; mais ils ne virent qu'un très-petit nombre d'exemplaires de ces polypes.

Bernard de Jussieu les chercha aux environs de Paris et il les y retrouva. Il les fit voir à plusieurs savants, particulièrement à Réaumur, qui en parla dans le tome VI de ses Mémoires sur les insectes.

Un petit nombre de naturalistes les avaient également observés, lorsque Trembley eut à son tour l'occasion de les étudier en Hollande. Ce fut pendant l'été de 1740 qu'il examina pour la première fois des hydres, et le succès de ses premières études l'engagea à s'occuper avec plus de détails de l'histoire de ces singuliers petits êtres, sur la nature animale ou végétale desquels il resta d'abord indécis.

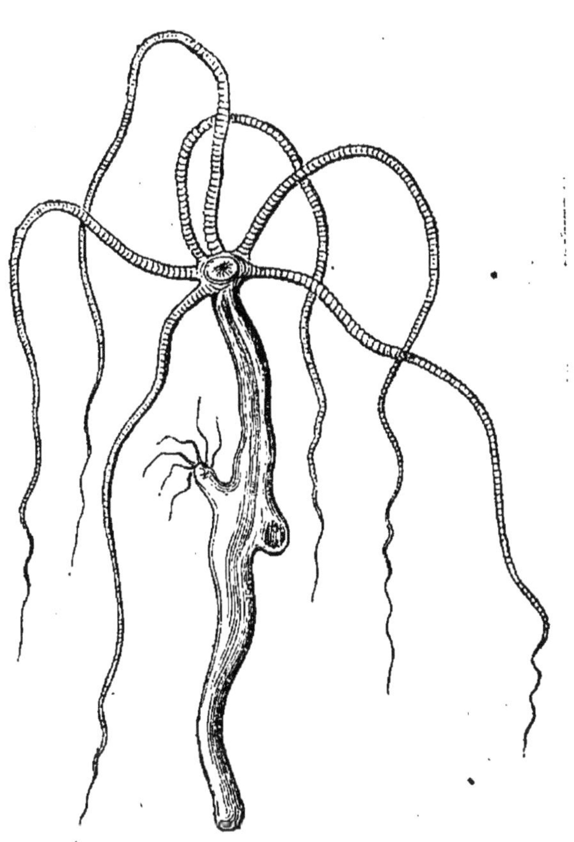

FIG. 118. — *Hydre* ou *Polype à bras.*

Pour sortir de cette incertitude, il coupa des hydres par morceaux, pensant avec tous les observateurs d'alors qu'une plante seule pouvait résister à cette sorte de taille et reproduire, comme on le fait par les marcottes ou les boutures, autant d'individus qu'on avait pu faire de fragments avec l'exemplaire primitif. Cependant, contre toute attente, il remarqua peu de jours après l'opération, que chaque morceau était devenu un sujet parfait, ayant exactement les mêmes caractères que celui dont il n'était d'abord qu'un fragment.

Cependant Trembley ne conclut pas de là qu'il avait affaire à une plante. Les appétits carnassiers, les mouvements et diverses habitudes assez bizarres qu'il avait constatés dans ce singulier être organisé ne lui permettaient pas d'y voir autre chose qu'un animal. Il préféra admettre que c'était la physiologie elle-même qui était en défaut, puisqu'elle supposait propre aux plantes seules une propriété, celle de se recompléter après la division, que l'on trouvait aussi dans une espèce que ses principaux actes vitaux ne permettaient pas de classer ailleurs que dans le règne animal.

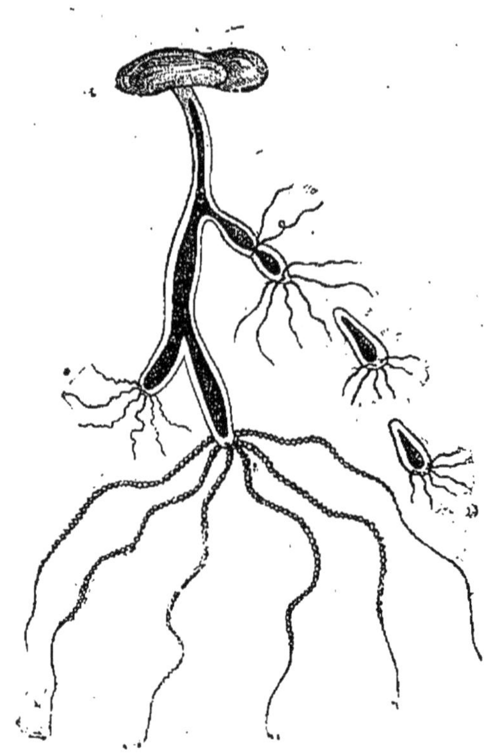

Fig. 119. — *Hydre*, ou polype des eaux douces.

Hydre, grossie. Elle est fixée sous une lentille d'eau et comprend trois individus, dont le plus grand a les bras ou tentacules plus étendus que les deux autres. Le tube noir qui longe intérieurement le corps représente leur tube digestif. L'individu situé à droite a été lié au-dessous de son point d'insertion au reste de la colonie, pour montrer un des moyens par lesquels on peut obtenir la multiplication de cette espèce par division du scissiparité. Au-dessous de lui sont deux individus détachés, supposés obtenus par ce procédé.

Les communications des savants les uns avec les autres étaient rares et difficiles à cette époque; cependant la découverte remarquable de Trembley se répandit bientôt. Elle fut signalée à l'Académie des sciences de Paris, à la Société Royale de Londres, etc., et partout on s'empressa de la répéter, d'abord sur les polypes qu'il envoya lui-même, bientôt après sur des échantillons que des observateurs mieux avisés cherchèrent aux environs de leur propre demeure.

Trembley avait constaté dès 1740 la grande force de rédintégration des polypes, c'est-à-dire la propriétéqu'ont les fragments de ces animaux de se compléter ; ce ne fut qu'en 1744 qu'il publia son ouvrage consacré à l'histoire entière des hydres. Les planches dont il l'accompagna furent gravées par Lyonet, naturaliste également célèbre, auquel on doit l'anatomie de la chenille qui ronge le bois des saules.

Les mémoires composant l'ouvrage de Trembley sont au nombre de quatre. Ce sont :

1° La description des polypes des eaux douces, ou, comme il les appelle, des polypes à bras en forme de cornes; la forme de ces polypes, les mouvements qu'ils exécutent, et une partie de ce que l'auteur a pu découvrir au sujet de leur structure;

2° La nourriture des polypes, la manière dont ils saisissent et avalent leur proie, la cause de leur coloration, etc.;

3° La génération des polypes, qui s'opère par le double mode de la division artificielle ou scissiparité et de la gemmation, c'est-à-dire du bourgeonnement. Le plus souvent en effet une hydre donne naissance à d'autres individus qui se développent sur son propre corps et y restent attachés comme des grains à une grappe; pendant un certain temps l'appareil digestif des jeunes sujets communique avec celui du parent qui leur a donné naissance;

4° Les opérations faites sur les polypes et le succès que ces opérations ont eu pour les multiplier par division, les retourner comme un doigt de gant, etc.

Les auteurs actuels s'accordent pour classer les hydres avec les animaux marins de forme radiaire et pourvus pour la plupart de tentacules, animaux auxquels on donne, depuis les observations de Trembley et de ses comtemporains, le nom de polypes, qu'Aristote appliquait aux poulpes, qui sont des céphalopodes voisins des seiches. Ce groupe répond à la grande division classique nommée par quelques naturalistes les *radiaires célentérés*.

Les hydres sont des polypes sans polypiers, pourvus d'un petit nombre de tentacules et n'ayant qu'un seul orifice intestinal, la bouche, qui est placée au centre de ces tentacules. Ceux-ci sont creux intérieurement, ce qui rappelle une disposition propre à certaines méduses, et rattache jusqu'à un certain point les hydres aux acalèphes [1].

Aucun micrographe n'a pu reconnaître de système nerveux chez les hydres. On ne leur voit pas même, à part le tube stomacal, d'organes spéciaux pour les principales fonctions qu'elles exécutent. Cependant elles ont des sexes, et leurs tentacules, ainsi qu'une partie de leur corps, sont garnis de petits corps très-singuliers, analogues à ceux que présentent certains autres polypes et qui sont les causes de l'urtication produite par ces derniers. Les hydres ont aussi des parties spécialement destinées aux contractions et qui sont les rendements du système musculaire.

Il y a plusieurs espèces d'hydres, toutes propres aux eaux douces et faciles à conserver vivantes dans les moindres vases où l'on a placé un peu d'eau : les principales sont l'hydre grise et l'hydre verte. Les naturalistes en ont fait une étude attentive et les expériences qu'ils ont entreprises à leur égard sont faciles à répéter, même celles qui ont trait aux acinètes, sortes d'infusoires, parasites de ces animaux et auxquelles sont dues certaines maladies dont les hydres ont à souffrir.

Si on laisse pendant un certain temps dans un repôs absolu les vases qui les contiennent, les hydres s'allongent d'une manière remarquable surtout dans leur partie tentaculaire, et chez l'espèce appelée hydre grise les filaments peuvent alors acquérir plus d'un décimètre de longueur.

Quelques espèces de zoophytes marins, que l'on avait d'abord attribuées au même genre que les hydres, ont dû en être retirées, leurs caractères principaux n'étant plus les mêmes que ceux de ces animaux.

Corail. — Tout le monde connaît le corail, cette substance d'apparence pierréuse, habituellement d'une belle couleur rouge, dont on fabrique tant de jolis ornements.

1. Voir *Zoologie*, 2e année, p. 27.

C'est un produit de la Méditerranée, et depuis un temps immémorial il est l'objet d'une importante industrie; mais quelle est sa véritable nature?

Le corail qu'on emploie en joaillerie est l'axe intérieur et durci d'un animal propre à l'embranchement des rayonnés ou zoophytes, et ce rayonné est voisin, par son organisation, de ceux qu'on appelle des gorgones ou arbres de mer.

FIG. 120. — *Corail* (vu dans l'eau).

Dans l'état frais, il est recouvert d'une sorte d'écorce qu'on n'utilise pas, mais qui en est la partie essentiellement vivante et cette enveloppe est garnie d'animalcules ou plutôt de bouches entourées de tentacules, comme on en voit chez les autres polypes.

Le corail est donc un polypier, résultant d'un encroûtement calcaire, produit par des colonies de polypes d'une espèce particulière, et on lui donne en latin le nom de *Corallium rubrum.*

Les polypiers, ou ces productions pierreuses, au groupe desquelles le corail appartient, étaient encore regardés par Tournefort, savant naturaliste contemporain de Louis XIV, comme des plantes ayant la dureté des minéraux, et c'est à cause de cela qu'on les appelait des lithophytes, c'est-à-dire des pierres végétantes.

L'année 1671 vit paraître un ouvrage de Boccone, naturaliste de Palerme, relatif au corail. Quoiqu'il fût allé en mer observer le corail avec les pêcheurs, Boccone crut reconnaître que ce n'était qu'une sorte de concrétion. Plus tard, en 1706, Marsigli adressa à l'Académie des sciences de Paris un mémoire sur les fleurs du corail. Il y racontait qu'ayant retiré le corail de l'eau pour examiner plus commodément ces prétendues fleurs, il les avait vues disparaître, et qu'elles se montraient de nouveau lorsqu'il replongeait dans l'eau la branche qui les portait. Cependant il ne lui vint pas à l'esprit que ce pouvait être des animaux; il pensa aux fleurs véritables qui se ferment ou s'ouvrent pendant le jour, et n'entrevit pas l'analogie qu'elles avaient avec les actinies ou prétendues anémones de mer, dont on avait depuis longtemps déjà constaté la nature animale.

L'honneur d'avoir reconnu la véritable nature du corail appartient à Peyssonnel, de Marseille.

Ce sagace observateur étudia d'abord le précieux zoophyte sur les côtes de Provence, et plus tard sur celles de Barbarie, du côté de la Calle, où il s'en fait une pêche régulière.

Ce fut lui qui expliqua comment ce qu'on avait pris pour les fleurs de ces prétendues plantes n'était en réalité qu'une association de petits animaux analogues aux anémones ou orties de mer :

« J'avais, dit-il, le plaisir de voir remuer les pattes ou pieds de cette ortie; et ayant mis le vase plein d'eau où le corail était, auprès du feu, tous ces petits insectes s'épanouirent. Je poussai le feu et fis bouillir l'eau, et je les conservai de la même façon que quand on fait cuire tous les testacés tant terrestres que marins. »

Dans un autre passage du travail de Peyssonnel on lit : « Lorsque je pressais l'écorce avec les ongles, je faisais sortir les intestins et tout le corps de l'ortie qui, confus et mêlés ensemble, ressemblaient au suc épaissi qui sort des glandes sébacées de la peau. »

C'est en 1726 que Peyssonnel communiqua ses observations à l'Académie. Elles ne furent pas tout d'abord acceptées comme exactes; mais bientôt Bernard de Jussieu, Guettard et Réaumur les vérifièrent sur d'autres espèces, et la belle monographie de Trembley, relative aux hydres, qui fut publiée en 1744, acheva de convaincre les esprits.

La pêche du corail se fait surtout sur les côtes de l'Algérie, particulièrement dans le cercle de la Calle. On la pratique aussi dans les parages de la Sicile et de l'Espagne; elle donne également de bons résultats du côté de la Corse ainsi que sur les côtes de la Provence et du Roussillon.

Les procédés qu'on y met en pratique se sont notablement perfectionnés dans ces dernières années. A l'ancien engin, consistant en une croix de bois lestée par une grosse pierre, ou en une croix de fer parfois accompagnée de crampons et attachée à une longue corde, à l'aide desquelles on racle les fonds habités par le corail, recueillant au moyen d'un filet traînant ce que le hasard arrache, on a substitué, en différents endroits, l'emploi du scaphandre. Un homme revêtu de cet appareil aujourd'hui bien connu, et dont l'usage tend à se généraliser, descend sous l'eau par les fonds de 25 à 30 brasses, et ramasse le corail comme on ramasserait des fleurs dans un champ ou des lichens sur un rocher; car la mer présente par endroits de semblables aspects.

Terminons ce résumé de l'histoire du corail par quelques mots sur l'organisation de cette espèce de zoophytes et sur son mode de développement.

Chaque colonie réunit un nombre considérable d'individus reliés les uns aux autres par l'écorce constituant la partie vivante du polypier. Ils ont chacun des tentacules, et au milieu de ces tentacules, la bouche qui sert à la fois à l'entrée des aliments et à la sortie des matières fécales.

Au-dessous de l'appareil digestif creusé dans le corps de ces polypes se voient des franges verticales qui leur servent d'organes de reproduction. Il y a des individus mâles et des individus femelles; quelques-uns possèdent à la fois les deux sexes. Les ovules que ces organes produisent donnent naissance à des larves ciliées qui sont bientôt expulsées par l'orifice buccal, et de chaque larve naît un polype

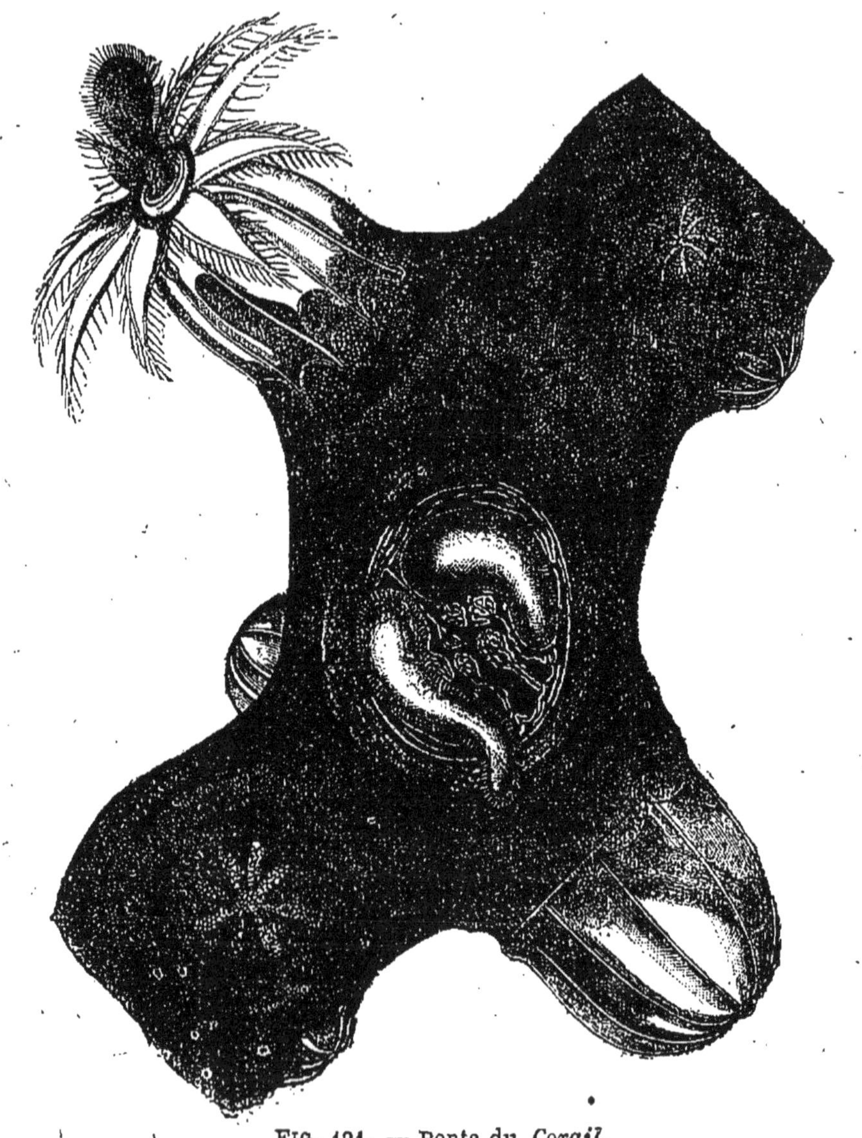

FIG. 121. — Ponte du *Corail.*

chargé de produire à son tour de nouveaux bourgeons qu sont autant de membres destinés à l'accroissement de la nouvelle colonie. Les dépôts calcaires que celle-ci accumule et qui lui servent de support sont l'origine du polypier d'un si beau rouge qui fait rechercher ces animaux.

Le corail est surtout exploité dans la Méditerranée. Cependant on en trouve aussi aux îles du cap Vert, et il y en a auprès de Ceylan. Une espèce de ce genre est même signalée aux îles Sandwich; elle ne donne lieu à aucune exploitation.

CHAPITRE XVII

DES ÉPONGES ET DE PLUSIEURS AUTRES ANIMAUX TRÈS-SIMPLES EN ORGANISATION.

Les hydres et le corail, dont nous avons ajouté la description à celles que comporte le programme qui nous sert de guide dans cet ouvrage, nous conduisent à des êtres plus simples encore par lesquels le règne animal se termine. Tels sont les infusoires, dont les dimensions sont si petites qu'on ne peut les observer qu'avec l'aide du microscope; tels sont aussi les foraminifères, dont les coquilles ayant également de très-faibles dimensions, sont si nombreuses en certains endroits que l'on peut regarder la craie elle-même comme en étant presque entièrement formée. Nous pourrions accroître encore la liste de ces organismes inférieurs à tous les autres dont le rôle n'acquiert d'importance que par la multiplicité extrême des individus qui en composent les différentes espèces. Les ÉPONGES, dont quelques espèces sont employées dans les arts et dans l'économie domestique, nous en fourniront un dernier exemple.

Si l'on prend connaissance de ce que les savants ont écrit au sujet de ces zoophytes, on est tenté de répéter avec le célèbre naturaliste Lamark : « L'éponge est une production naturelle que tout le monde connaît, par l'usage assez habituel qu'on en fait chez soi; et cependant c'est un corps sur la nature duquel les naturalistes, même les modernes, n'ont pu arriver à se former une idée juste et claire. »

Il existe un grand nombre d'espèces dans ce groupe, et à d'autres époques géologiques, les mers en ont également produit. Ces corps organisés tiennent des animaux inférieurs, plus particulièrement des polypes, par plusieurs de leurs caractères, mais ils ont aussi de l'analogie avec les algues et ils relient à plusieurs égards les deux règnes animal et végétal l'un à l'autre.

Indépendamment d'une partie d'apparence muqueuse qui en forme la substance contractile, les éponges ont une charpente solide, formée de corpuscules aciculiformes ou étoilés auxquels on donne le nom de spicules. Dans certains cas, ces corpuscules sont de nature calcaire, dans d'autres cas, ils sont siliceux.

Les éponges produisent aussi des œufs, desquels naissent des larves ciliées et mobiles, et dans certaines espèces on trouve en outre des corps sphériques, à enveloppe résistante, comparables aux sporanges ou agents reproducteurs des plantes cryptogames, qui sont destinés à résister aux chances de destruction inséparable de l'hiver. Ces moyens de propagation sont faciles à observer dans les spongilles, qui sont des sortes d'éponges propres aux eaux douces.

Les spongilles (fig. 122) sont abondantes dans les étangs, les lacs et les rivières. On en trouve aussi dans quelques pièces d'eau. Elles sont au nombre des spongiaires, dont es spicules sont siliceux.

Dans les éponges usuelles, les spicules sont au contraire formés de substance calcaire et c'est en les détruisant par le lavage à l'acide chlorhydrique qu'on les fait disparaître. Il reste alors la partie chitineuse des éponges, qui est d'apparence cornée et que sa facilité d'absorption rend si utiles dans bien des circonstances; c'est cette partie chitineuse que nous employons pour nos usages domestiques.

Suivant que les éponges sont plus ou moins fines, on varie l'emploi auquel on les destine. Il y en a pour la cuisine et les écuries, d'autres pour la toilette. Ces dernières croissent principalement sur les côtes de la Syrie, et il s'en fait dans cette partie de la Méditerranée une pêche importante.

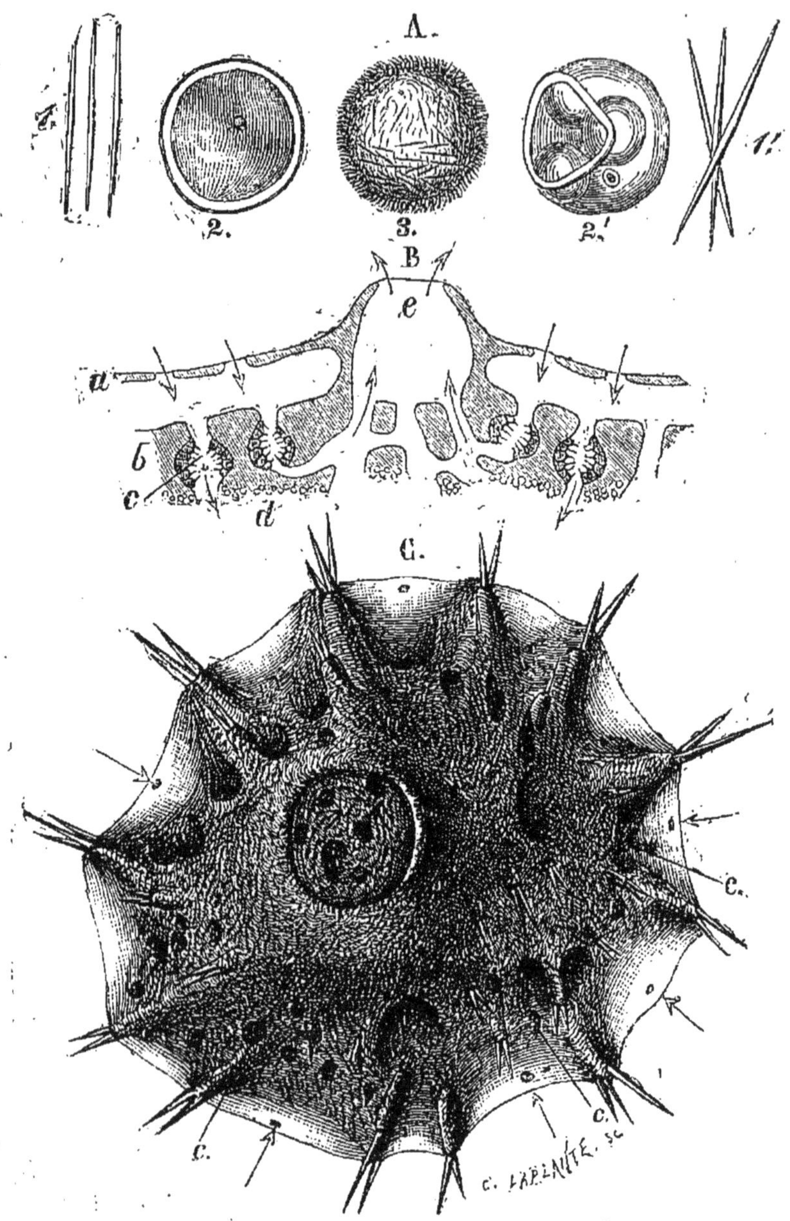

FIG. 122. — *Spongille* ou *éponge des eaux douces.*

A = 1 et 1') spicules siliceux formant le feutrage de la spongille ; — 2 et 2') œufs hibernaux en forme de sporanges ; celui de la figure 2' a été ouvert pour montrer qu'ils peuvent renfermer plusieurs corps reproducteurs ; — 3) ovule mobile et cilié. On voit déjà des spicules dans son intérieur.

B = coupe d'une spongille en voie de développement. Les flèches indiquent la direction des courants qui en parcourent l'intérieur pour la nourrir.

a) substance extérieure de consistance gélatiniforme dont la spongille est entourée; — *b*) masse formée par le feutrage des spicules; — *c*) chambres ciliées, probablement respiratrices; — *e*) orifice commun pour la sortie des courants; — *d*) couche inférieure formée par les corps reproducteurs.

Tout autour de la masse commune se voit une expansion de la partie gélatiniforme soutenue par des faisceaux de spicules.

C = masse de la spongille; vue de dessus. Les flèches indiquent les oscules ou orifices servant à l'entrée des courants respiratoires; — *cc*) ouvertures des chambres ciliées; — au centre de la masse est l'orifice de sortie des courants marqués *e* sur la figure B.

Nous trouvons dans les éponges, envisagées au point de vue zoologique, un groupe d'animaux moins parfait que les polypes et qui, joint aux autres protozoaires, c'est-à-dire à des espèces dont la structure est encore plus simple et dont les dimensions restent en général très-petites, nous donne une idée du degré extrême de dégradation auquel peut descendre l'organisme animal.

C'est ainsi qu'en partant des quadrupèdes pour envisager successivement les animaux des différents groupes signalés dans ce livre, nous pouvons prendre une première idée de la classification naturelle, dont le tableau est imprimé au commencement de ce livre[1].

Elle place aux rangs élevés les êtres dont les organes ont le plus de perfection, et réserve les dernières places pour celles dont la structure est de plus en plus simple.

Les volumes consacrés à la première et à la seconde année du cours de Zoologie nous donneront une démonstration plus complète encore de ce fait important. Il devait nous suffire dans cette sorte d'introduction à l'étude générale du règne animal de prendre une première idée des grands groupes qui le composent au moyen d'un examen superficiel de quelques-unes des principales espèces qui s'y rapportent, et c'est pour cela que nous avons choisi pour représenter l'ensemble des animaux ceux qui sont les plus répandus ou qu'il nous importe le plus de connaître.

1. Voir, page VIII.

FIN.

TABLE DES MATIÈRES.

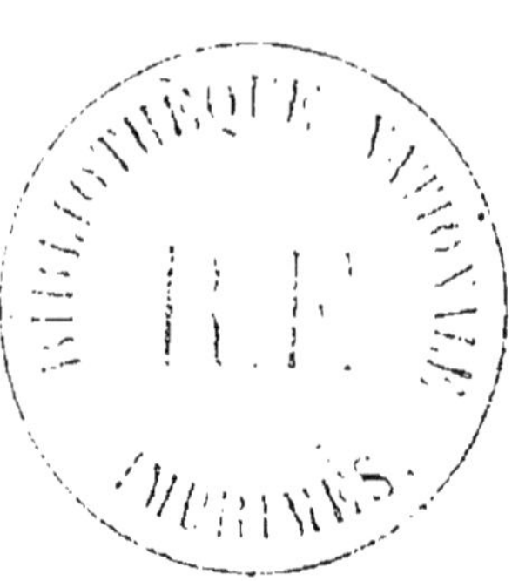

FIN DE LA TABLE.

Typographie Lahure, rue de Fleurus, 9, à Paris

www.ingramcontent.com/pod-product-compliance
Ingram Content Group UK Ltd.
Pitfield, Milton Keynes, MK11 3LW, UK
UKHW022104190726
13855UKWH00002B/639